普通高等教育“十二五”规划教材

Access 应用技术实验指导（2010 版）

主　编　何春林　宋运康

副主编　王军民　刘吉林　李国华

中国水利水电出版社
www.waterpub.com.cn

内 容 提 要

本书是《Access 应用技术基础教程（2010 版）》一书的配套实验指导教材，全书由 4 个部分组成。第 1 部分是针对教材内容设计的配套实验；第 2 部分是上机指导，即对二级 Access 数据库的上机考试说明；第 3 部分给出了 3 套全国计算机等级考试模拟题（笔试及机试）；第 4 部分是教材各章习题解答与模拟题的参考答案。

本书内容丰富，实践性强，适合高等学校师生使用，也适合作为 Access 培训班教材及参加全国计算机等级考试（Access）的读者使用。

图书在版编目（CIP）数据

Access应用技术实验指导 : 2010版 / 何春林，宋运康主编. -- 北京 : 中国水利水电出版社，2015.2
普通高等教育“十二五”规划教材
ISBN 978-7-5170-2980-9

Ⅰ. ①A… Ⅱ. ①何… ②宋… Ⅲ. ①关系数据库系统－高等学校－教学参考资料 Ⅳ. ①TP311.138

中国版本图书馆CIP数据核字(2015)第033691号

策划编辑：陈宏华　　责任编辑：石永峰　　封面设计：李　佳

书　名	普通高等教育“十二五”规划教材 Access 应用技术实验指导（2010 版）
作　者	主　编　何春林　宋运康 副主编　王军民　刘吉林　李国华
出版发行	中国水利水电出版社 （北京市海淀区玉渊潭南路 1 号 D 座　100038） 网址：www.waterpub.com.cn E-mail：mchannel@263.net（万水） sales@waterpub.com.cn 电话：（010）68367658（发行部）、82562819（万水）
经　售	北京科水图书销售中心（零售） 电话：（010）88383994、63202643、68545874 全国各地新华书店和相关出版物销售网点
排　版	北京万水电子信息有限公司
印　刷	北京上元柏昌印刷有限公司
规　格	184mm×260mm　16 开本　9.25 印张　235 千字
版　次	2015 年 2 月第 1 版　2015 年 2 月第 1 次印刷
印　数	0001—5000 册
定　价	20.00 元

前　言

本书是与《Access 应用技术基础教程（2010 版）》一书配套的实验指导书。

全书分为 4 个部分：第 1 部分为实验指导；第 2 部分是上机指导，为二级 Access 数据库的上机考试说明；第 3 部分为 Access 数据库全国计算机等级考试模拟题；第 4 部分是教材各章习题解答与模拟题的参考答案。

书中的实验和习题解答内容，覆盖了教材各章节的知识点，实验指导中的每个实验项目分为两类，一类项目给出了上机的操作步骤并配有图例说明，另一类项目操作步骤由读者自定。通过这两类项目的实验可以使学生掌握开发信息管理系统的方法和过程。本书还给出了 Access 数据库二级考试笔试、机试试题各 3 套及详细题解，帮助同学了解 Access 数据库二级考试的内容与考试方式。

本书由何春林、宋运康统稿。参加编写的有李国华、王军民、刘吉林、赵媛媛和梁丽莎。

由于编者水平有限，加之编写时间仓促，书中难免存在错误和欠妥之处，敬请读者批评指正。

编　者

2014 年 12 月

目　录

第 1 部分　实验指导

实验 1　创建数据库

一、实验目的

1. 掌握 Access 2010 的启动与退出方法，了解 Access 2010 数据库管理系统的开发环境及其基本对象。

2. 掌握 Access 2010 数据库的创建方法和步骤。

3. 掌握设置数据库属性和默认文件夹的方法。

4. 了解 Access 2010 数据库不同版本，掌握不同版本数据库的转换。

二、实验内容

实验 1-1　掌握 Access 2010 的启动与退出方法。

1. 实验要求

通过使用“开始”菜单启动和退出 Access 2010。

2. 操作步骤

（1）启动 Access 2010。最常见的方法是利用“开始”菜单启动 Access 2010。单击“开始”按钮，在“程序”子菜单的 Microsoft Office 菜单中选择 Microsoft Office Access 2010，记为“开始 | 程序 | Microsoft Office | Microsoft Office Access 2010”，主界面如图 1.1 所示。

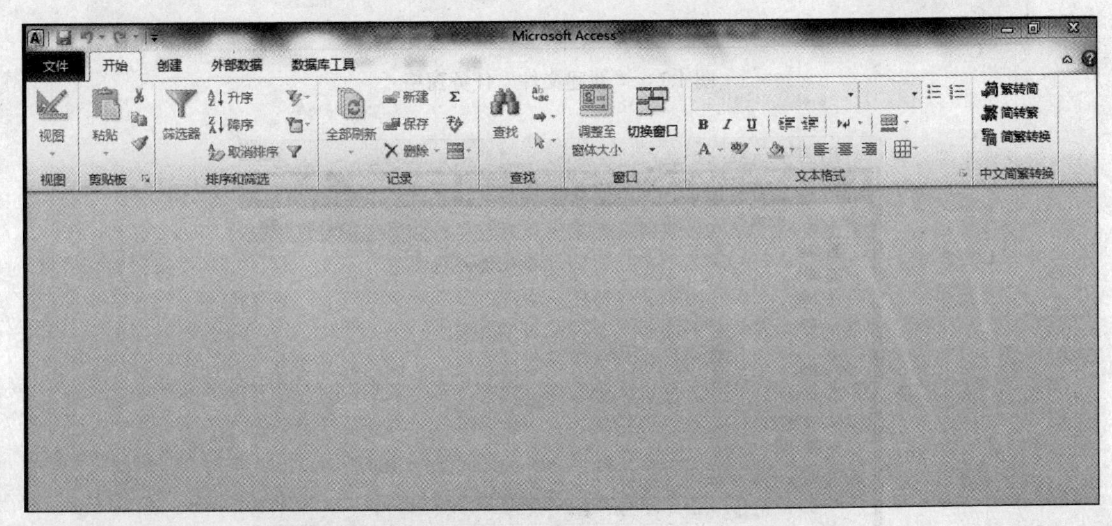

图 1.1　Access 2010

（2）退出 Access 2010。退出 Access 2010 常采用以下两种方法。

选择“文件 | 退出”菜单命令。

单击 Access 2010 窗口标题栏右边的“关闭”按钮。

实验 1-2 创建一个罗斯文的数据库，命名为“罗斯文”，并将建好的数据库保存在 D 盘 Access 文件夹中。

1. 实验要求

通过使用“直接创建空数据库”的方法建立“罗斯文”数据库。

2. 操作步骤

（1）启动 Access，选择“文件 | 新建”菜单命令，在右边的任务窗格（见图 1.2）中选中“空数据库”选项后，单击右边按钮来选择数据库存放的位置，弹出如图 1.3 所示的对话框。

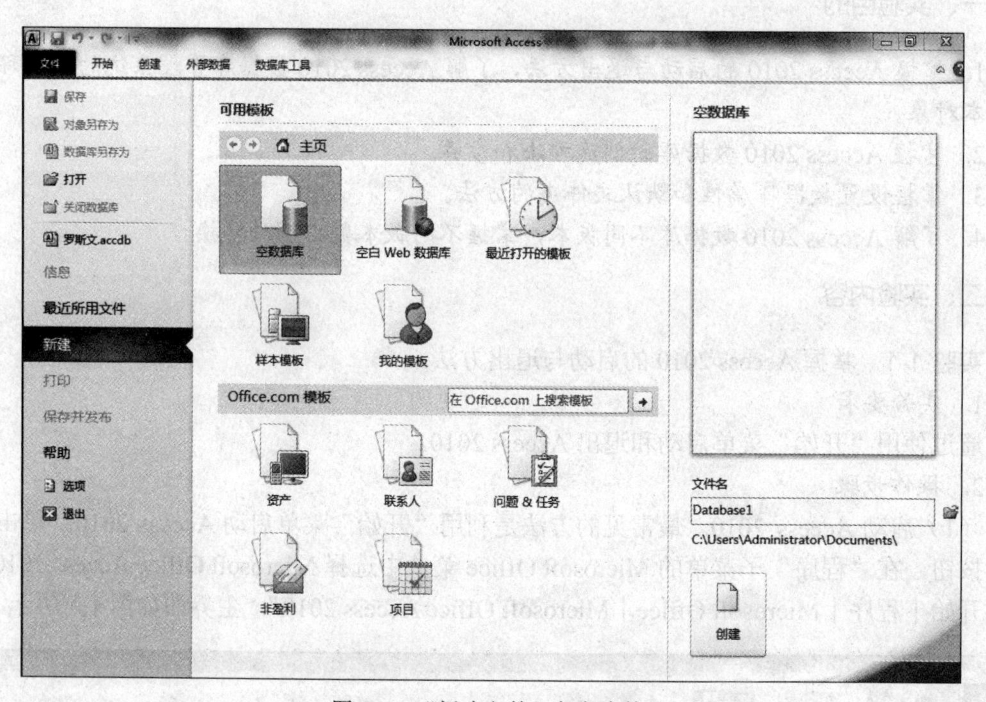

图 1.2 “新建文件”任务窗格

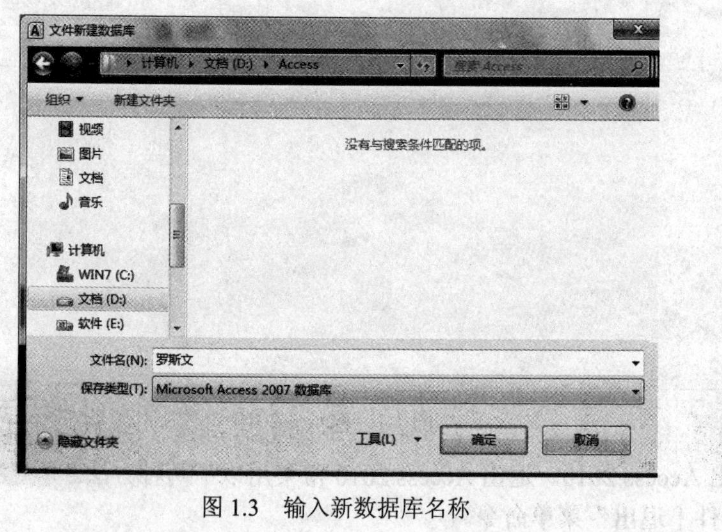

图 1.3 输入新数据库名称

（2）在图 1.3 中，在“保存位置”选择 D 盘的 Access 文件夹，在“文件名”文本框中输入数据库的名称“罗斯文”，然后单击“确定”按钮，返回如图 1.2 所示界面，单击“创建”按钮，弹出数据库设计窗口，意味着一个指定名称的 Access 数据库创建成功，得到如图 1.4 所示的“罗斯文”数据库设计窗口。

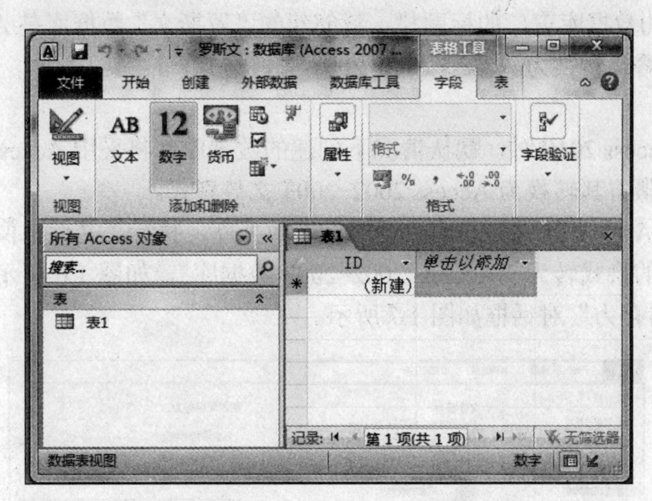

图 1.4　创建的“罗斯文”空数据库窗口

（3）单击图 1.4 的“关闭”按钮，结束“罗斯文”数据库的创建。

图 1.4 所示建立的数据库窗口，是设计操作时经常使用的窗口，可以由此建立、打开、设计数据库的各个对象。

实验 1-3　设置“罗斯文”数据库的默认文件夹。

1. 实验要求

利用 Access 数据库的“工具”菜单，将“罗斯文”数据库的默认文件夹设置为 D:\Access。

2. 操作步骤

（1）选择“文件 | 选项”菜单命令，弹出“选项”对话框，选择“常规”选项卡，如图 1.5 所示。

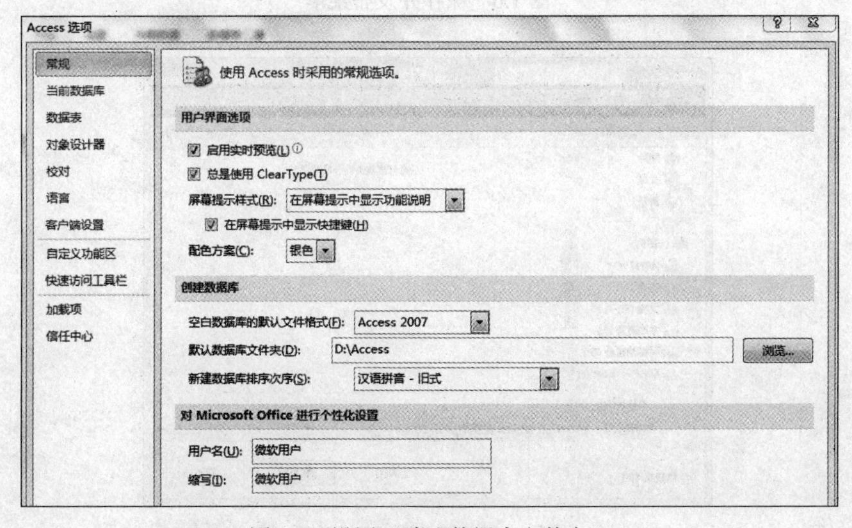

图 1.5　设置“默认数据库文件夹”

（2）在“默认数据库文件夹”文本框中输入 D:\Access，单击“确定”按钮，以后每次启动 Access，此文件夹都是系统的默认数据库保存的文件夹，直到再次更改为止。

实验 1-4　转换 Access 数据库。

1．实验要求

如图 1.4 所示的数据库窗口的标题栏，新创建的“罗斯文”数据库是 Access 2007-2010 文件格式，现将文件格式转换为 Access 2002-2003 文件格式。

2．操作步骤

在首次使用 Access 2010 时，默认情况下创建的数据库都将采用 Access 2007-2010 文件格式。可按照如下步骤将其转换为 Access 2002-2003 文件格式。

（1）打开 D:\Access 文件夹中的“罗斯文”数据库，执行“文件 | 保存并发布”菜单命令，选择需要转换的格式转为“Access 2002-2003 数据库”，如图 1.6 所示，单击“另存为”按钮，弹出的“另存为”对话框如图 1.7 所示。

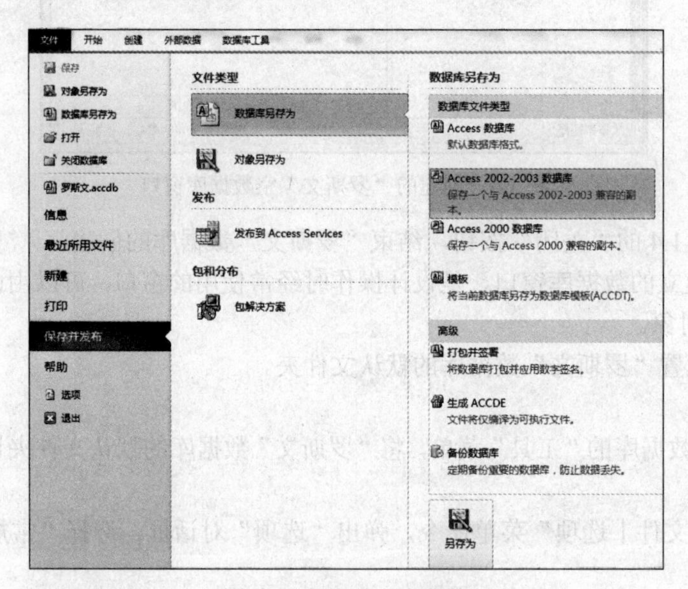

图 1.6　保存并发布菜单

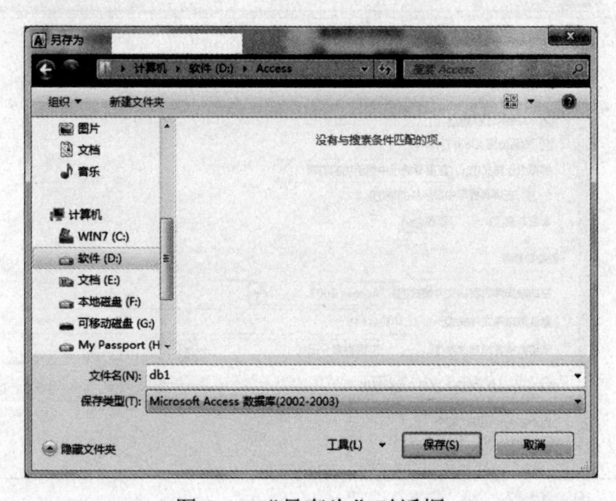

图 1.7　“另存为”对话框

（2）选定数据库文件的保存位置 D:\Access，为 Access 2003 数据库取一个不同于原数据库的名称 db1，然后单击“保存”按钮。

如果希望新建的数据库采用 Access 2002-2003 文件格式，可以依次选择“文件 | 选项 | 常规”选项卡，如图 1.8 所示，在“空白数据库的默认文件格式”中选择 Access 2002-2003，则以后新建的数据库都将采用 Access 2002-2003 文件格式。

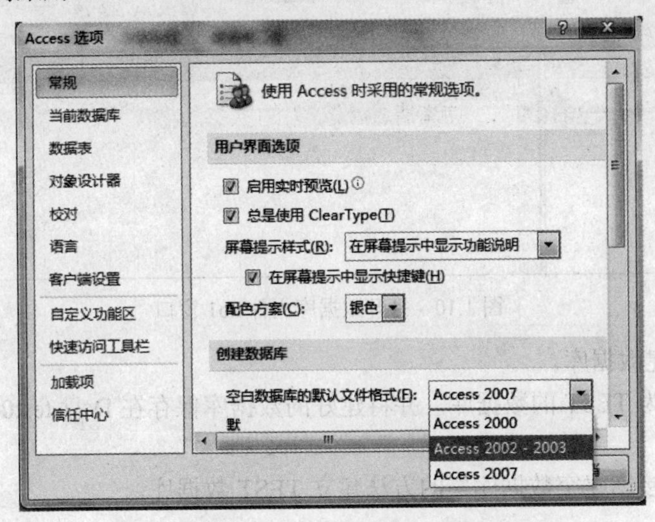

图 1.8　更改“默认文件格式”

实验 1-5　打开 Access 数据库。

1. 实验要求

打开实验 1-4 中转换的 Access 2002-2003 格式的数据库文件 db1.mdb。

2. 操作步骤

在 Access 中，数据库是一个文档文件，所以可以在“我的电脑”窗口中，通过双击.accdb 文件或者.mdb 文件打开数据库。也可以采用以下常用方法。

（1）选择“文件 | 打开”菜单命令，弹出“打开”对话框，如图 1.9 所示。

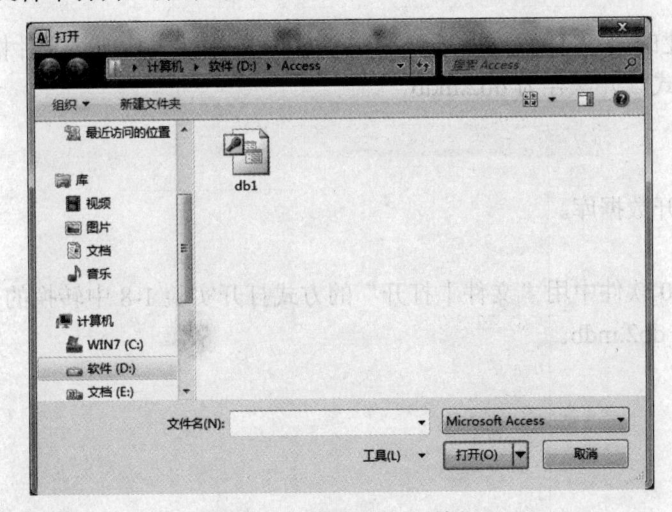

图 1.9　“打开”对话框

（2）在该对话框中，选择 D:\Access 文件夹中 db1 数据库文件，打开如图 1.10 所示的数据库窗口。在该窗口可以看到数据库的文件格式已转换为 Access 2002-2003 格式。

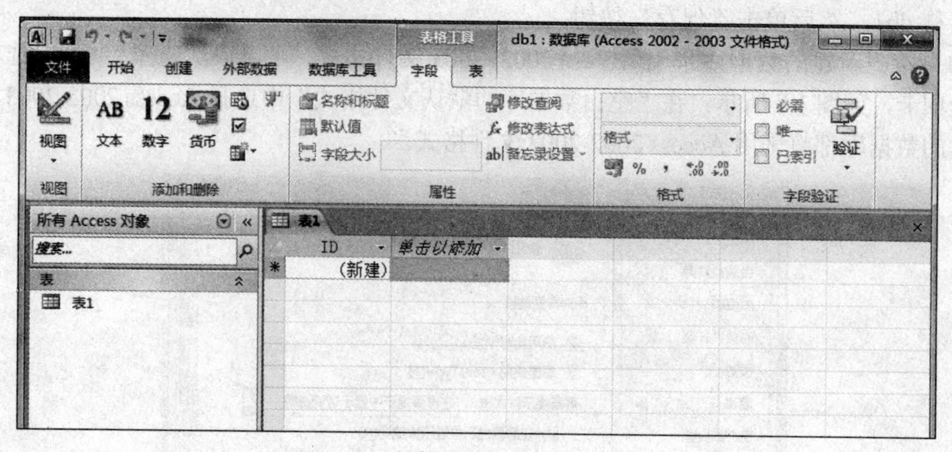

图 1.10　打开数据库文件 db1 窗口

实验 1-6　创建数据库。

创建一个命名为 TEST 的数据库，并将建好的数据库保存在 D 盘 test001 文件夹中。

1. 实验要求

通过使用“直接创建空数据库”的方法建立 TEST 数据库。

2. 操作步骤

读者自定。

实验 1-7　设置 TEST 数据库的默认文件夹。

1. 实验要求

利用 Access 数据库的“工具”菜单，将 TEST 数据库的默认文件夹设置为 D:\ test001。

2. 操作步骤

读者自定。

实验 1-8　转换 Access 数据库。

1. 实验要求

实验 1-6 创建的 TEST 数据库是 Access 2000 文件格式，现将文件格式转换为 Access 2002-2003 文件格式。并保存为 db2.mdb

2. 操作步骤

读者自定。

实验 1-9　打开数据库。

1. 实验要求

在 Access 2010 软件中用“文件 | 打开”的方式打开实验 1-8 中转换的 Access 2002-2003 格式的数据库文件 db2.mdb。

2. 操作步骤

读者自定。

实验 2　创建数据表（一）

一、实验目的

1. 熟悉表的多种创建方法和过程。
2. 掌握使用表设计器创建数据表的方法。
3. 掌握使用表向导创建数据表的方法。
4. 掌握使用数据表视图创建表的方法。
5. 掌握表中字段属性的设置的基本方法。

二、实验内容

实验 2-1　使用表的设计视图创建表。

1. 实验要求

使用表的设计视图创建“产品”表和“订单明细”表，“产品”表的结构如表 2.1 所示，“订单明细”表的结构如表 2.2 所示。

表 2.1　“产品”表结构

字段名称	字段类型	字段大小	字段名称	字段类型	字段大小
产品 ID	自动编号	长整型	单价	货币	
产品名称	文本	40	库存量	数字	整型
供应商 ID	数字	长整型	订购量	数字	整型
类别 ID	数字	长整型	再订购量	数字	整型
单位数量	文本	20	中止	是/否	

表 2.2　“订单明细”表结构

字段名称	字段类型	字段大小	字段名称	字段类型	字段大小
订单 ID	数字	长整型	数量	数字	整型
产品 ID	数字	长整型	折扣	数字	单精度型
单价	货币				

2. 操作步骤

（1）打开“D:\Access\罗斯文”数据库。

（2）在数据库窗口中单击“创建 | 表设计”按钮后打开表设计视图。

（3）在弹出的表的设计窗口中，定义表的结构（参照表 2.1 依次定义每个字段的字段名称、字段类型等属性，其他配置参见实验 2-2），结果如图 2.1 所示。

字段名称	数据类型	说明
产品ID	自动编号	自动赋予新产品的编号。
产品名称	文本	
供应商ID	数字	与供应商表中的项相同。
类别ID	数字	与类别表中的项相同
单位数量	文本	(例如， 24 装箱、一公升瓶)。
单价	货币	
库存量	数字	
订购量	数字	
再订购量	数字	为保持库存所需的最小单元数。
中止	是/否	"是"表示条目不可用。

图 2.1　在设计视图中输入“产品”表的字段名称和字段的数据类型

（4）单击“关闭”按钮，弹出“另存为”对话框，输入表名称“产品”，单击“确定”按钮，结束“产品”表的创建，同时“产品”表被自动加入到“罗斯文”数据库中，如图 2.2 所示。

图 2.2　新创建的“产品”表数据库窗口

（5）在数据库窗口中单击“创建 | 表设计”按钮后打开表设计视图。

（6）在弹出的表的设计窗口中，定义表的结构（参照表 2.2 依次定义每个字段的字段名称、字段类型等属性，其他配置参见实验 2-2），结果如图 2.3 所示。

订单明细

字段名称	数据类型	说明
订单ID	数字	与订单表中的订单ID相同。
产品ID	数字	与产品表中的产品ID相同。.
单价	货币	
数量	数字	
折扣	数字	

图 2.3　在设计视图中输入“订单明细”表的字段名称和字段的数据类型

（7）单击“关闭”按钮，弹出“另存为”对话框，输入表名称“订单明细”，单击“确定”按钮，结束“订单明细”表的创建，同时“订单明细”表被自动加入到“罗斯文”数据库中，如图 2.4 所示。

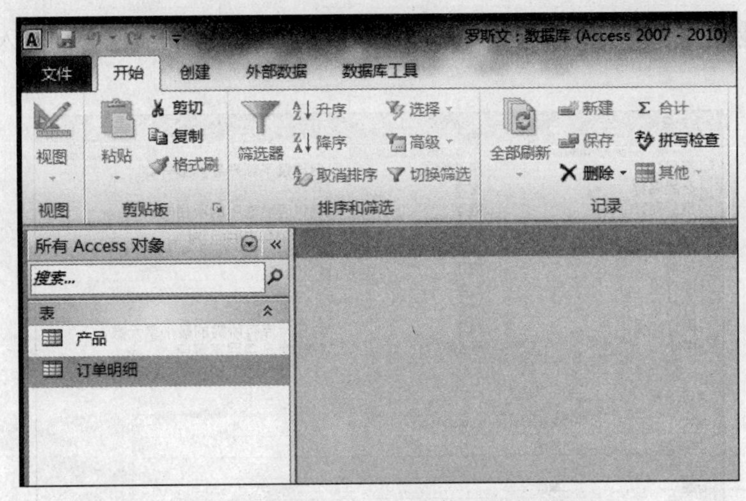

图 2.4　新创建的“订单明细”表数据库窗口

实验 2-2　设置“产品”表和“订单明细”表字段的属性。

对“产品”表进行如下设置。

1. 实验要求

（1）分别设置“产品名称”与“单位数量”字段的大小为 40 和 20。

（2）“单价”字段的默认值属性设置为 0。

（3）为“单价”字段设置格式，以保证“单价”字段的数值显示形式统一。均以“￥”符号开头，超过千位要以千位分隔符“,”分隔，并且统一保留两位小数。

（4）为“单价”字段设置有效性规则，该字段要求只能接受大于等于 0 的数，若违反该规则时提示用户“您必须输入一个正数。”。

2. 操作步骤

（1）在“产品”表设计窗口中，单击“产品名称”字段，在下面的“字段属性”的“字段大小”中，按表 2.1 的要求输入“40”。单击“单位数量”字段，在下面的“字段属性”的“字段大小”中，按表 2.1 的要求输入“20”。

（2）单击“单价”字段，在下面的“字段属性”的“默认值”中，输入“0”。

（3）单击“单价”字段，在下面的“字段属性”的“格式”中输入“￥#,##0.00;￥-#,##0.00”或者直接在下拉菜单中选择“货币”。

（4）在“有效性规则”文本框输入“>=0”，在“有效性文本”文本框输入“您必须输入一个正数”，如图 2.5 所示。

对“订单明细”表进行如下设置。

1. 实验要求

（1）为“单价”字段设置格式，以保证“单价”字段的数值显示形式统一。以“￥”或者“($)”符号开头，超过千位要以千位分隔符“,”分隔，并且统一保留两位小数。确定有效性规则，该字段要求只能接受大于等于 0 的一个整数，若违反该规则时提示用户“您必须输入一个正数。”。

（2）为“数量”字段确定有效性规则，该字段要求只能接受大于 0 的一个整数，若违反该规则时提示用户“数量必须大于 0。”。默认值设为 1。

（3）“折扣”字段格式设置为“百分比”，默认值为“0”，为该字段确定有效性规则，该字段要求只能接受 0 到 1 之间的数，若违反该规则时提示用户“您必须输入一个带百分号的值。”。

产品

字段名称	数据类型	说明
产品ID	自动编号	自动赋予新产品的编号。
产品名称	文本	
供应商ID	数字	与供应商表中的项相同。
类别ID	数字	与类别表中的项相同
单位数量	文本	（例如， 24 装箱、一公升瓶）。
单价	货币	
库存量	数字	
订购量	数字	
再订购量	数字	为保持库存所需的最小单元数。
中止	是/否	“是”表示条目不可用。

字段属性

常规 查阅

格式	¥#,##0.00;¥-#,##0.00
小数位数	自动
输入掩码	
标题	单价
默认值	0
有效性规则	>=0
有效性文本	您必须输入一个正数。
必需	否
索引	无
智能标记	
文本对齐	常规

字段名称最长
F1 键可

图 2.5 设置“产品”表中“单价”字段的属性

2. 操作步骤

（1）在设计视图下打开“订单明细”表，单击“单价”字段，将“单价”格式设置为“¥#,##0.00;($#,##0.00)”，在“有效性规则”文本框输入“>=0”，在“有效性文本”文本框输入“您必须输入一个正数。”，如图 2.6 所示。

订单明细

字段名称	数据类型	说明
订单ID	数字	与订单表中的订单ID相同。
产品ID	数字	与产品表中的产品ID相同。
单价	货币	
数量	数字	
折扣	数字	

字段属性

常规 查阅

格式	¥#,##0.00;($#,##0.00)
小数位数	自动
输入掩码	
标题	单价
默认值	0
有效性规则	>=0
有效性文本	您必须输入一个正数。
必需	是
索引	无
智能标记	
文本对齐	常规

字段名称
F1

图 2.6 设置“订单明细”表中“单价”字段的属性

（2）单击“数量”字段，将“默认值”设置为“1”，在“有效性规则”文本框输入“>0”，在“有效性文本”文本框输入“数量必须大于 0。”，如图 2.7 所示。

（3）单击“折扣”字段，将“默认值”设置为“0”，格式选定“百分比”，在“有效性规则”文本框输入“Between 0 And 1”，在“有效性文本”文本框输入“您必须输入一个带百分号的值。”，如图 2.8 所示。

订单明细

字段名称	数据类型	
订单ID	数字	与订单表中的订单ID相同。
产品ID	数字	与产品表中的产品ID相同。
单价	货币	
数量	数字	
折扣	数字	

字段属性

常规　查阅

字段大小	整型
格式	常规数字
小数位数	自动
输入掩码	
标题	
默认值	1
有效性规则	>0
有效性文本	数量必须大于 0。
必需	是
索引	无
智能标记	
文本对齐	常规

图 2.7　设置“数量”字段的属性

订单明细

字段名称	数据类型	
订单ID	数字	与订单表中的订单ID相同。
产品ID	数字	与产品表中的产品ID相同。
单价	货币	
数量	数字	
折扣	数字	

字段属性

常规　查阅

字段大小	单精度型
格式	百分比
小数位数	0
输入掩码	
标题	
默认值	0
有效性规则	Between 0 And 1
有效性文本	您必须输入一个带百分号的值。
必需	是
索引	无
智能标记	
文本对齐	常规

图 2.8　设置“折扣”字段的属性

实验 2-3　使用直接输入数据的方法创建表。

1. 实验要求

采用直接输入数据的方法创建“运货商”表，具体要求如下。

（1）按表 2.3 的内容直接输入数据，创建并保存表。

表 2.3　“运货商”表记录

1	急速快递	(010) 65559831
2	统一包裹	(010) 65553199
3	联邦货运	(010) 65559931

（2）修改表的结构，将字段 1、字段 2、字段 3 按照表 2.4 设置，分别更名为运货商 ID、公司名称、电话，保存修改。

表 2.4 “运货商”表结构

字段名称	字段类型	字段大小	字段名称	字段类型	字段大小
运货商 ID	自动编号	长整型	电话	文本	20
公司名称	文本	40			

2. 操作步骤

（1）打开“D:\Access\罗斯文”数据库。在数据库窗口中单击“创建丨表”按钮后，出现空数据表视图，如图 2.9 所示。在数据表视图中，单击“单击以添加”按钮选择各字段的数据类型，输入有关数据后的结果如图 2.10 所示。

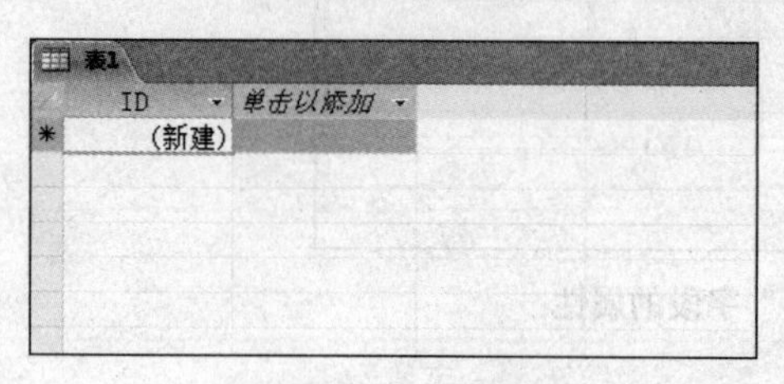

图 2.9 空数据表视图

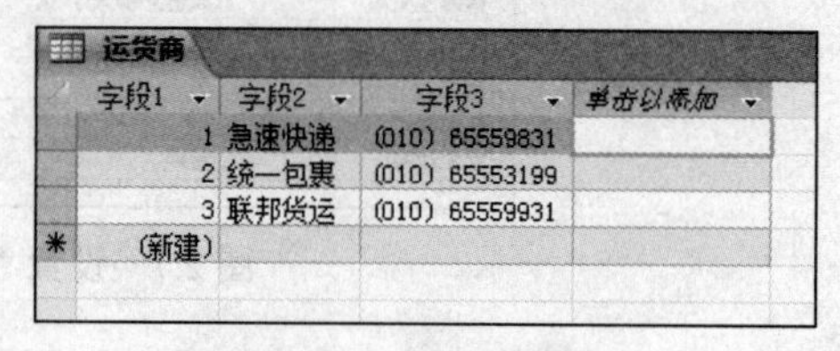

图 2.10 数据表视图

（2）双击每个默认字段名将默认字段名字段 1、字段 2、字段 3 等修改为表 2.4 所示的表结构，也可以打开设计视图，将默认字段 1、字段 2、字段 3 等字段名修改为表 2.4 所示的表结构，输入有关数据后的结果如图 2.11 所示。

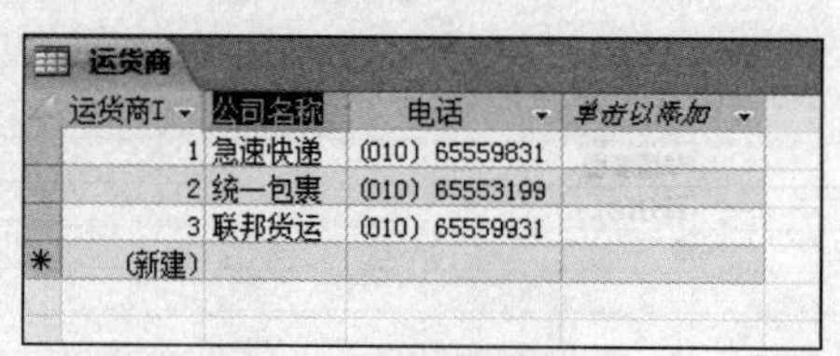

图 2.11 “运货商”表

使用直接输入数据的方法创建表，这种操作方便，但字段名很难体现对应数据的内容。因此用这种方法创建的表，还要经过再次修改字段名和字段属性后才能完成表的设计。

实验 2-6 设置表的主键。

1. 实验要求

（1）用创建表的任何一种方法，创建“订单”表、“雇员”表、“供应商”表、“类别”、“客户”表，五个表的结构如表 2.5～表 2.9 所示。

表 2.5 “订单”表结构

字段名称	字段类型	字段大小	字段名称	字段类型	字段大小
订单 ID	自动编号	长整型	运货费	货币	20
客户 ID	文本	5	货主名称	文本	40
雇员 ID	数字	长整型	货主地址	文本	60
订购日期	日期/时间		货主城市	文本	15
到货日期	日期/时间		货主地区	文本	15
发货日期	日期/时间		货主邮政编码	文本	10
运货商	数字	长整型	货主国家	文本	15

表 2.6 “雇员”表结构

字段名称	字段类型	字段大小	字段名称	字段类型	字段大小
雇员 ID	自动编号	长整型	地区	文本	15
姓氏	文本	20	邮政编码	文本	10
名字	文本	10	国家	文本	15
职务	文本	30	家庭电话	文本	24
尊称	文本	10	分机	文本	4
出生日期	日期/时间		照片	OLE 对象	
雇用日期	日期/时间		备注	备注	
地址	文本	60	上级	数字	长整型
城市	文本	15			

表 2.7 “供应商”表结构

字段名称	字段类型	字段大小	字段名称	字段类型	字段大小
供应商 ID	自动编号	长整型	地区	文本	15
公司名称	文本	40	邮政编码	文本	10
联系人姓名	文本	30	国家	文本	15
联系人职务	文本	30	电话	文本	24
地址	文本	60	传真	文本	24
城市	文本	15	主页	超链接	

表 2.8 “类别”表结构

字段名称	字段类型	字段大小	字段名称	字段类型	字段大小
类别 ID	自动编号	长整型	说明	备注	
类别名称	文本	15	图片	OLE 对象	

表 2.9 “客户”表结构

字段名称	字段类型	字段大小	字段名称	字段类型	字段大小
客户 ID	文本	5	地区	文本	15
公司名称	文本	40	邮政编码	文本	10
联系人姓名	文本	30	国家	文本	15
联系人职务	文本	30	电话	文本	24
地址	文本	60	传真	文本	24
城市	文本	15			

（2）为“订单”表的“订购日期”、“到货日期”、“发货日期”字段设置显示格式“yyyy\-mm\-dd”，“运货费”字段设置显示格式“￥#,##0.00;￥-#,##0.00”（货币型）。

（3）为“雇员”表的“出生日期”、“雇用日期”字段设置显示格式“yyyy-mm-dd”，并且为“出生日期”字段设置有效性规则，该字段要求输入的日期不能超过当前日期（提示在“出生日期”字段的有效性规则文本框中输入“<date()”），若违反该规则时提示用户“出生日期不能是将来。”。

（4）设置“客户”表的“客户 ID”字段在输入数据时是基于客户名称的 5 位字符唯一代码。（提示在“客户 ID”字段的输入掩码文本框中输入“>LLLLL”）

（5）设置“产品”表、“订单明细”表、“运货商”表、“订单”表、“供应商”表、“雇员”表、“类别”表及“客户”表的主键。

2. 操作步骤

创建表的方法以及设置有效性规则、有效性文本在前面的实验中均有详细描述，这里不再重复，下面介绍设置主键的方法。

（1）在数据库窗口中，单击“表”对象，双击“订单明细”表，然后单击“开始 | 设计”按钮或者单击右下角的按钮，屏幕显示“订单明细”表的设计窗口。

（2）分析“订单明细”表，该表的主键应是由“订单 ID”和“产品 ID”两个字段构成的联合主键。单击“订单 ID”字段左边的行选定器，选定“订单 ID”行，按住 Ctrl 键不放，单击“产品 ID”字段的行选定器，即可选定“订单 ID”和“产品 ID”两个字段。

（3）单击“表格工具 | 设计 | 主键”按钮，结果如图 2.12 所示。

（4）用同样方法设置其余表的主键，结果如图 2.13 至图 2.19 所示。

订单明细

字段名称	数据类型
订单ID	数字
产品ID	数字
单价	货币
数量	数字
折扣	数字

图 2.12 设置“订单明细”表的主键

产品

字段名称	数据类型
产品ID	自动编号
产品名称	文本
供应商ID	数字
类别ID	数字
单位数量	文本
单价	货币

图 2.13 设置“产品”表的主键

运货商

字段名称	数据类型
运货商ID	自动编号
公司名称	文本
电话	文本

图 2.14 设置“运货商”表的主键

订单

字段名称	数据类型
订单ID	自动编号
客户ID	文本
雇员ID	数字
订购日期	日期/时间
到货日期	日期/时间

图 2.15 设置“订单”表的主键

供应商

字段名称	数据类型
供应商ID	自动编号
公司名称	文本
联系人姓名	文本
联系人职务	文本
地址	文本

图 2.16 设置“供应商”表的主键

雇员

字段名称	数据类型
雇员ID	自动编号
姓氏	文本
名字	文本
密码	文本
职务	文本

图 2.17 设置“雇员”表的主键

实验 2-7 使用表的设计视图创建表及设置相关属性。

1. 实验要求

在 D:\test001 文件夹下的 TEST.mdb 数据库中使用表的设计视图建立表 tJS，表结构如表 2.10 所示，根据 tJS 表的结构，判断并设置主键。

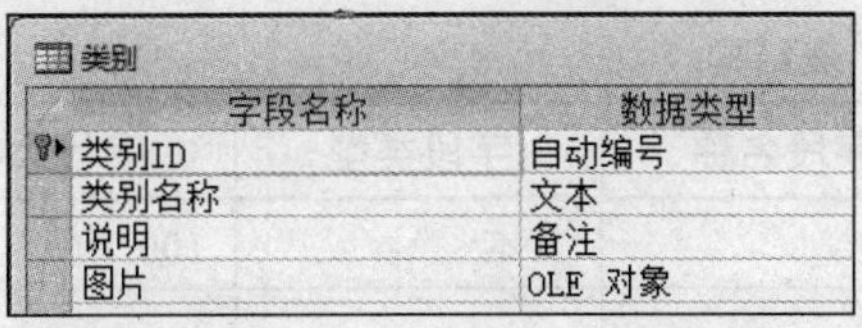

类别

字段名称	数据类型
类别ID	自动编号
类别名称	文本
说明	备注
图片	OLE 对象

图 2.18　设置“类别”表的主键

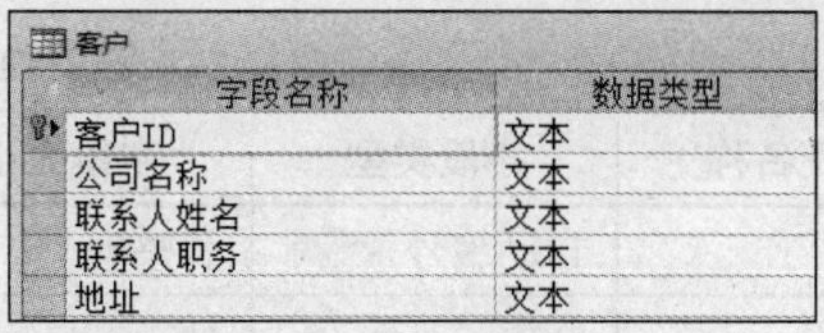

客户

字段名称	数据类型
客户ID	文本
公司名称	文本
联系人姓名	文本
联系人职务	文本
地址	文本

图 2.19　设置“客户”表的主键

表 2.10　tJS 表结构

字段名称	数据类型	字段大小	格式
编号	文本	5	
姓名	文本	4	
所属系别	数字	长整型	
性别	文本	1	
年龄	数字	整型	
工作时间	日期/时间		短日期
学历	文本	5	
职称	文本	5	
联系电话	文本	8	
照片	OLE 对象		

2．操作步骤

读者自定。

实验 2-8　设置 tJS 表字段的属性。

1．实验要求

为“年龄”字段设置有效性规则，该字段要求只能接受范围在 1～100 的一个整数，若违反该规则时提示用户“请输入 1～100 之间的整数。”。

2．操作步骤

读者自定。

实验 2-9　使用直接输入数据的方法创建表。

1．实验要求

请在 D:\test001 文件夹下的 TEST.mdb 数据库中。采用直接输入数据的方法创建“系别”表。

（1）按表 2.11 的内容直接输入数据，创建并保存表。

表 2.11　“系别”表记录

1	经济管理系	经济管理
2	信息工程系	电子、计算机
3	机械工程系	机械制造
4	计算机系	计算机、网络

（2）修改表的结构，将字段 1、字段 2、字段 3 按照表 2.12 设置，分别更名为系 ID、名称、简介。

表 2.12 “系别”表结构

字段名称	字段类型	字段大小	字段名称	字段类型	字段大小
系 ID	自动编号	长整型	简介	文本	100
名称	文本	10			

2. 操作步骤

读者自定。

实验 2-10 设置表的主键。

1. 实验要求

请在 D:\test001 文件夹下的 TEST.mdb 数据库中为“选课”表设置合适的主键。

2. 操作步骤

读者自定。

实验 3　创建数据表（二）

一、实验目的

1. 熟悉将各种数据导入到数据表中的方法。
2. 学会各种类型数据的输入方法。
3. 学习值列表和查阅列表字段的创建方法。
4. 学会如何设置数据表的格式。

二、实验内容

实验 3-1　将 Excel 文件导入到 Access 的表中。

1. 实验要求

将已经建好的 Excel 文件“雇员表.xls”导入到“罗斯文”数据库中，数据表的名称为“雇员”。

2. 操作步骤

（1）在数据库窗口中，单击“外部数据 | excel”命令，出现“获取外部数据”对话框，如图 3.1 所示，单击“浏览”按钮 ，出现“打开”对话框，在“查找范围”中指定文件所在的文件夹，如图 3.2 所示。

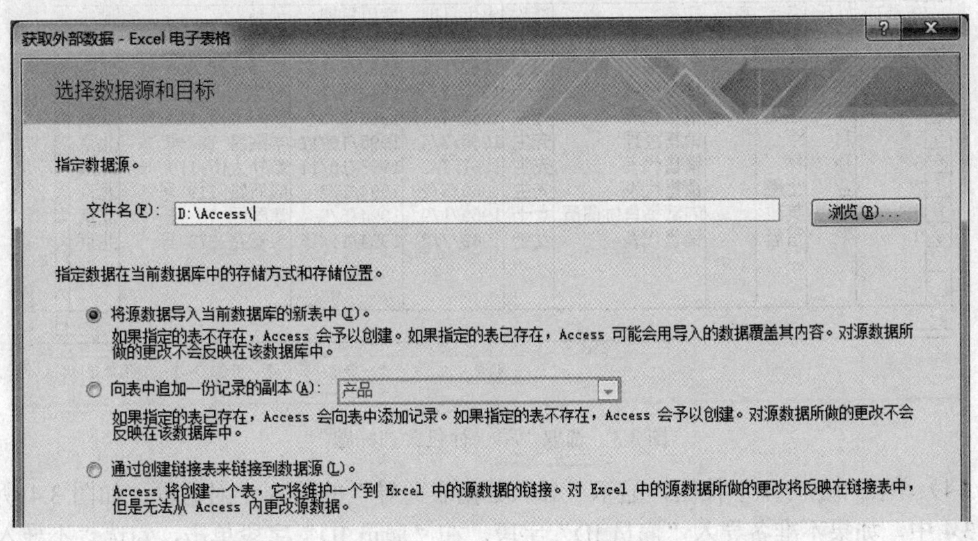

图 3.1　“获取外部数据”对话框

（2）选取“雇员表.xlsx”文件，再单击“打开”按钮返回“获取外部数据”对话框后单击“确定”按钮。

（3）在“导入数据表向导”的第 1 个对话框中选择合适的工作表，单击“下一步”按钮，显示“导入数据表向导”的第 2 个对话框，选取“第一行包含列标题”，如图 3.3 所示。

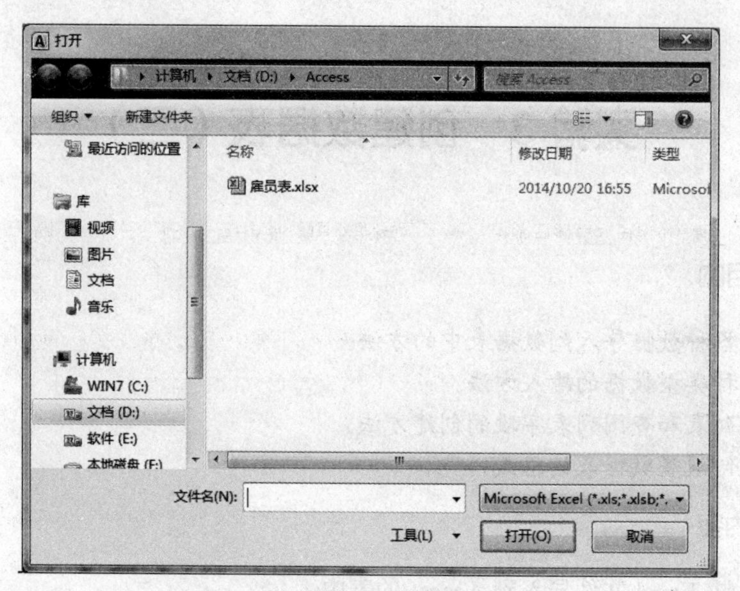

图 3.2　指定导入文件的“文件类型”

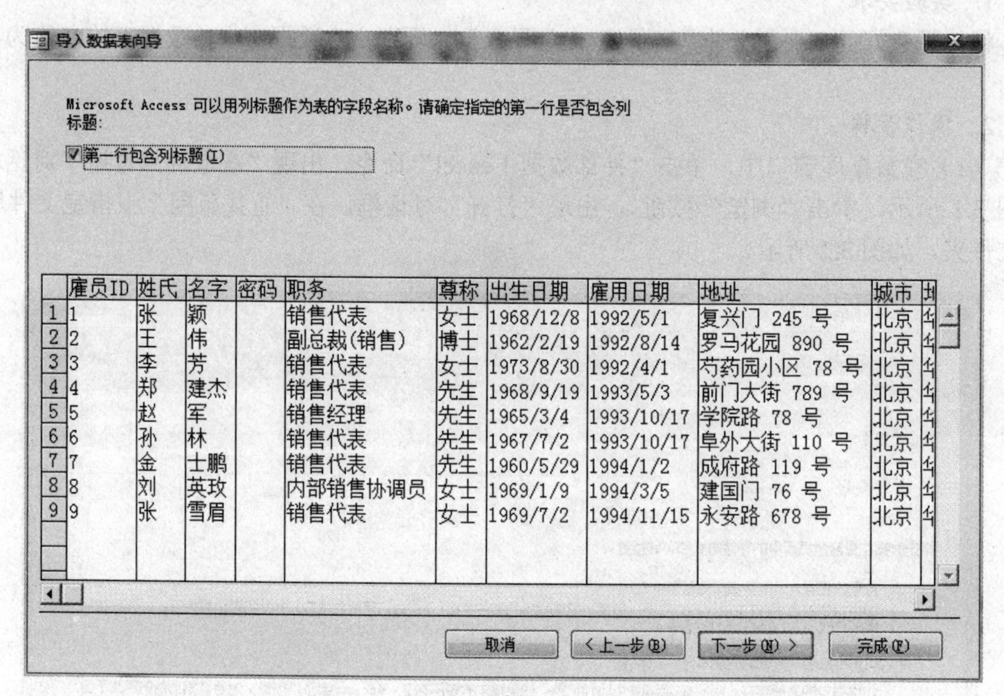

	雇员ID	姓氏	名字	密码	职务	尊称	出生日期	雇用日期	地址	城市
1	1	张	颖		销售代表	女士	1968/12/8	1992/5/1	复兴门 245 号	北京
2	2	王	伟		副总裁(销售)	博士	1962/2/19	1992/8/14	罗马花园 890 号	北京
3	3	李	芳		销售代表	女士	1973/8/30	1992/4/1	芍药园小区 78 号	北京
4	4	郑	建杰		销售代表	先生	1968/9/19	1993/5/3	前门大街 789 号	北京
5	5	赵	军		销售经理	先生	1965/3/4	1993/10/17	学院路 78 号	北京
6	6	孙	林		销售代表	先生	1967/7/2	1993/10/17	阜外大街 110 号	北京
7	7	金	士鹏		销售代表	先生	1960/5/29	1994/1/2	成府路 119 号	北京
8	8	刘	英玫		内部销售协调员	女士	1969/1/9	1994/3/5	建国门 76 号	北京
9	9	张	雪眉		销售代表	女士	1969/7/2	1994/11/15	永安路 678 号	北京

图 3.3　选取“第一行包含列标题”

（4）单击“下一步”按钮，显示“导入数据表向导”的第 3 个对话框，如图 3.4 所示。在图 3.4 中，如果不准备导入“雇员 ID”字段，在“雇员 ID”字段单击，勾选“不导入字段（跳过）”，完成后单击“下一步”按钮，显示“导入数据表向导”的第 4 个对话框，如图 3.5 所示。

（5）在图 3.5 中选择“我自己选择主键”，在旁边的下拉列表中选择“雇员 ID”作为主关键字，再单击“下一步”按钮，显示“导入数据表向导”的第 5 个对话框，在“导入列表”文本框中输入导入数据表名称“雇员”。

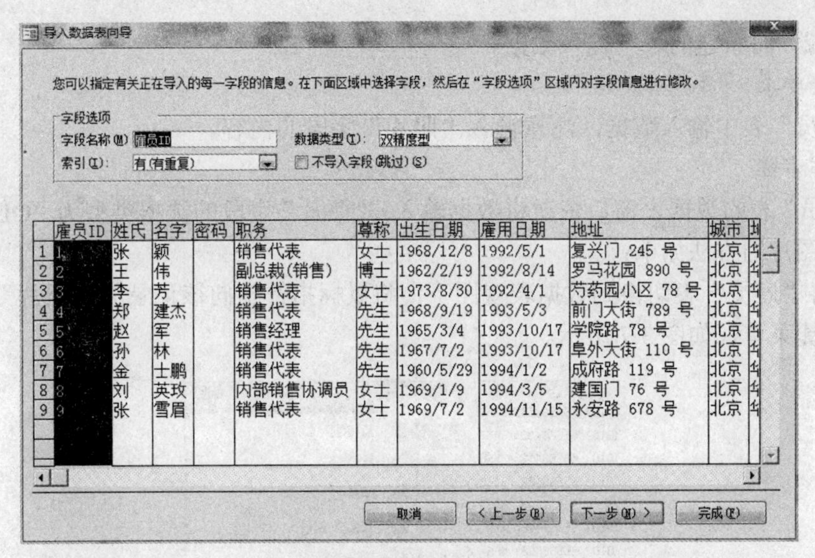

雇员ID	姓氏	名字	密码	职务	尊称	出生日期	雇用日期	地址	城市
1	张	颖		销售代表	女士	1968/12/8	1992/5/1	复兴门 245 号	北京
2	王	伟		副总裁(销售)	博士	1962/2/19	1992/8/14	罗马花园 890 号	北京
3	李	芳		销售代表	女士	1973/8/30	1992/4/1	芍药园小区 78 号	北京
4	郑	建杰		销售代表	先生	1968/9/19	1993/5/3	前门大街 789 号	北京
5	赵	军		销售经理	先生	1965/3/4	1993/10/17	学院路 78 号	北京
6	孙	林		销售代表	先生	1967/7/2	1993/10/17	阜外大街 110 号	北京
7	金	士鹏		销售代表	先生	1960/5/29	1994/1/2	成府路 119 号	北京
8	刘	英玫		内部销售协调员	女士	1969/1/9	1994/3/5	建国门 76 号	北京
9	张	雪眉		销售代表	女士	1969/7/2	1994/11/15	永安路 678 号	北京

图 3.4　处理导入字段

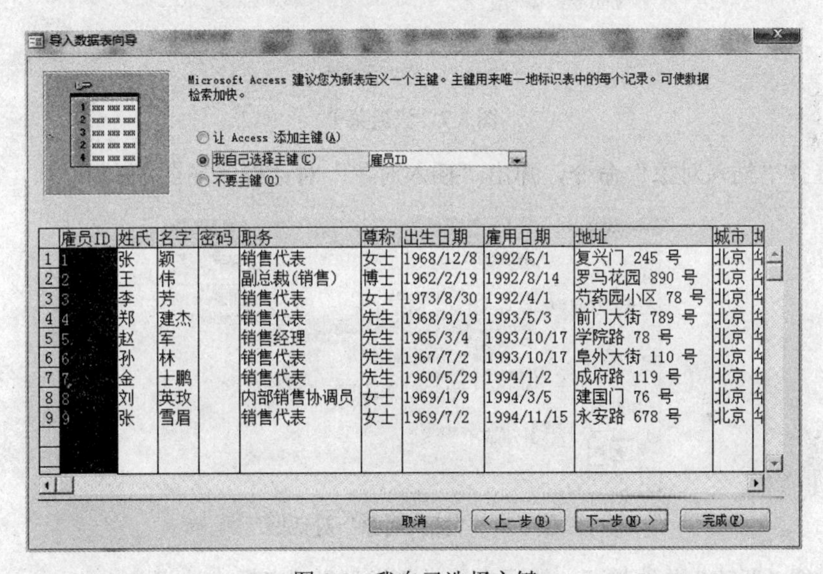

雇员ID	姓氏	名字	密码	职务	尊称	出生日期	雇用日期	地址	城市
1	张	颖		销售代表	女士	1968/12/8	1992/5/1	复兴门 245 号	北京
2	王	伟		副总裁(销售)	博士	1962/2/19	1992/8/14	罗马花园 890 号	北京
3	李	芳		销售代表	女士	1973/8/30	1992/4/1	芍药园小区 78 号	北京
4	郑	建杰		销售代表	先生	1968/9/19	1993/5/3	前门大街 789 号	北京
5	赵	军		销售经理	先生	1965/3/4	1993/10/17	学院路 78 号	北京
6	孙	林		销售代表	先生	1967/7/2	1993/10/17	阜外大街 110 号	北京
7	金	士鹏		销售代表	先生	1960/5/29	1994/1/2	成府路 119 号	北京
8	刘	英玫		内部销售协调员	女士	1969/1/9	1994/3/5	建国门 76 号	北京
9	张	雪眉		销售代表	女士	1969/7/2	1994/11/15	永安路 678 号	北京

图 3.5　我自己选择主键

（6）单击“完成”按钮，显示“导入数据表向导”结果提示框。提示数据导入已经完成。

完成以后，“罗斯文”数据库会增加一个名为“雇员”的数据表，内容是来自“雇员.xlsx”的数据。完成后的“雇员”数据表打开后如图 3.6 所示。

雇员

雇员ID	姓氏	名字	密码	职务	尊称	出生日期	雇用日期	地址
1	张	颖		销售代表	女士	1968/12/08	1992/05/01	复兴门 245
2	王	伟		副总裁(销售)	博士	1962/02/19	1992/08/14	罗马花园 89
3	李	芳		销售代表	女士	1973/08/30	1992/04/01	芍药园小区
4	郑	建杰		销售代表	先生	1968/09/19	1993/05/03	前门大街 78
5	赵	军		销售经理	先生	1965/03/04	1993/10/17	学院路 78 号
6	孙	林		销售代表	先生	1967/07/02	1993/10/17	阜外大街 11
7	金	士鹏		销售代表	先生	1960/05/29	1994/01/02	成府路 119
8	刘	英玫		内部销售协调员	女士	1969/01/09	1994/03/05	建国门 76 号
9	张	雪眉		销售代表	女士	1969/07/02	1994/11/15	永安路 678
(新建)								

图 3.6　导入之后的“雇员”表

实验 3-2 向新建的表中输入数据。

1. 实验要求

向“雇员”表中输入数据，注意输入“照片”字段的内容。

2. 操作步骤

在“雇员”表的数据表窗口依次将数据输入，“照片”字段的数据类型为“OLE 对象”型，向其中添加图片的方法如下：

（1）将“雇员”表切换到数据表视图下，将鼠标指针指向该记录的“照片”字段列，右击，弹出快捷菜单，如图 3.7 所示。

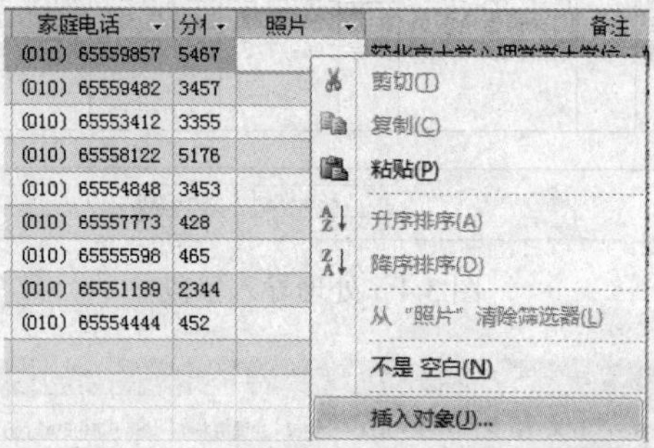

图 3.7 快捷菜单

（2）选择“插入对象”命令，弹出“插入对象”对话框，如图 3.8 所示。

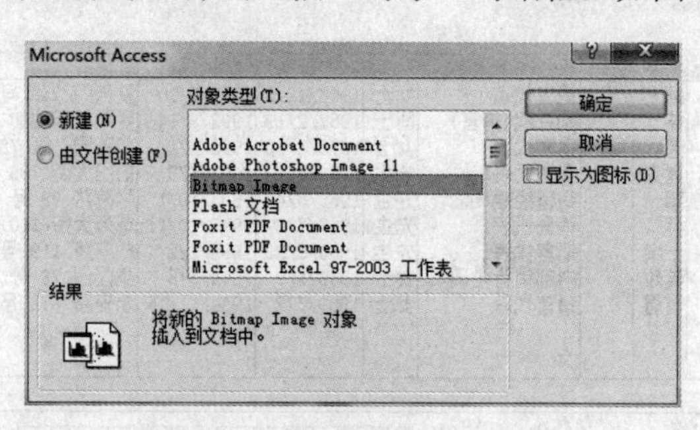

图 3.8 “插入对象”对话框

（3）选择“新建”单选按钮，然后在“对象类型”列表框中选择 Bitmap Image，单击“确定”按钮，弹出“画图”程序窗口，如图 3.9 所示。

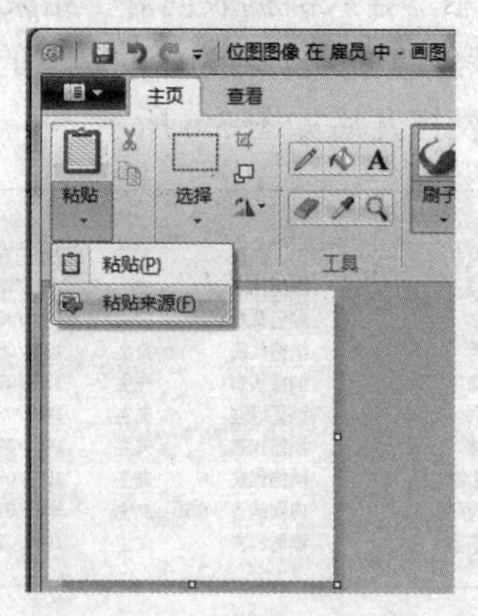

图 3.9 “画图”程序窗口

（4）在图中，选择“主页 | 粘贴 | 粘贴来源”菜单命令，弹出如图 3.10 所示“粘贴来源”对话框。在“查找范围”中找到存放图片的文件夹，并打开所需的图片。

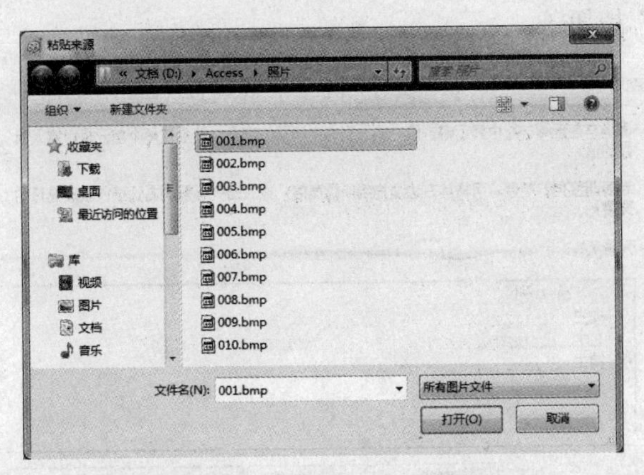

图 3.10　“粘贴来源”对话框

（5）单击画图工具的　按钮，在弹出的菜单中选择“退出并返回到文档”，关闭“画图”程序窗口。此时第 1 条记录的“照片”字段已有内容，如图 3.11 所示。

城i ▾	地[▾	邮政编▾	国i ▾	家庭电话 ▾	分i ▾	照片 ▾
北京	华北	100098	中国	(010) 65559857	5467	Bitmap Image
北京	华北	109801	中国	(010) 65559482	3457	
北京	华北	198033	中国	(010) 65553412	3355	
北京	华北	198052	中国	(010) 65558122	5176	
北京	华北	100090	中国	(010) 65554848	3453	
北京	华北	100678	中国	(010) 65557773	428	
北京	华北	100345	中国	(010) 65555598	465	
北京	华北	198105	中国	(010) 65551189	2344	
北京	华北	100056	中国	(010) 65554444	452	

图 3.11　“雇员”表内容

实验 3-3　使用值列表设置“查阅向导”型字段。

1. 实验要求

为“雇员”表中的“尊称”字段创建值列表，方便数据的输入。

2. 操作步骤

（1）切换到“雇员”表的设计视图，将“尊称”字段的数据类型改为“查阅向导”，弹出如图 3.12 所示的对话框，在此对话框中选择“自行键入所需的值”单选按钮。

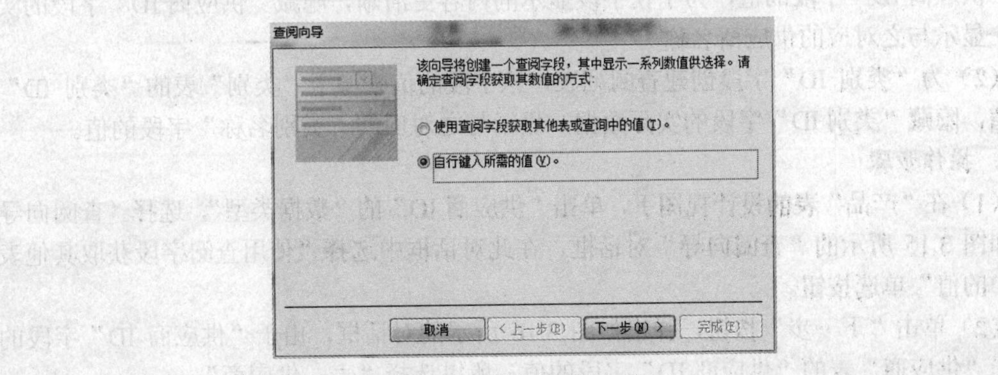

图 3.12　选择“查阅向导”

（2）单击“下一步”按钮，弹出如图 3.13 所示的对话框，在“第 1 列”中第 1 行输入“先生”、第 2 行输入“女士”、第 3 行输入“博士”，然后单击“下一步”按钮，在弹出的下一个对话框中选择“完成”按钮。

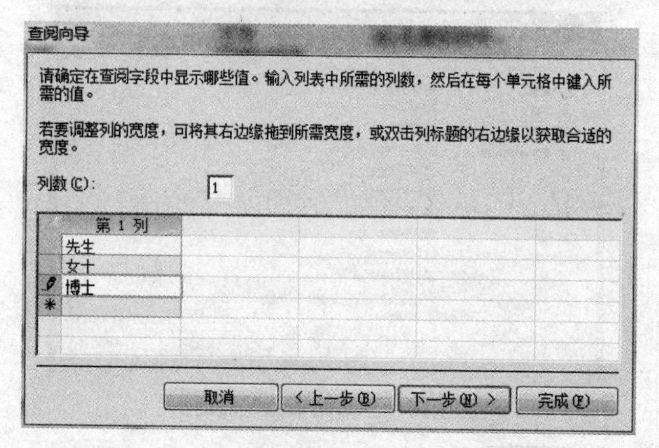

图 3.13 为“尊称”字段自行键入所需的值

（3）保存后切换到数据表视图，单击“尊称”列右边的按钮，打开其下拉列表，如图 3.14 所示，“尊称”列不必再自行键入其值，只需要从其下拉列表中选取即可。

雇员

雇员I	姓[	名	密码	职务	尊称	出生日期	雇用日期
1	张	颖		销售代表	女士	1968/12/08	1992/05/01
2	王	伟		副总裁（销售）	先生	/19	1992/08/14
3	李	芳		销售代表	女士	/30	1992/04/01
4	郑	建杰		销售代表	博士	1968/09/19	1993/05/03
5	赵	军		销售经理	先生	1965/03/04	1993/10/17
6	孙	林		销售代表	先生	1967/07/02	1993/10/17
7	金	士鹏		销售代表	先生	1960/05/29	1994/01/02
8	刘	英玫		内部销售协调员	女士	1969/01/09	1994/03/05
9	张	雪眉		销售代表	女士	1969/07/02	1994/11/15
(新建)							

图 3.14 “尊称”字段的值列表

实验 3-4 使用查阅列表设置“查阅向导”型字段。

1. 实验要求

（1）在“产品”表中，为“供应商 ID”字段创建查阅列表，该字段的值来源于“供应商”表的“供应商 ID”字段的值，为了使字段显示的内容更清晰，隐藏“供应商 ID”字段的实际数据，显示与之对应的供应商名称。

（2）为“类别 ID”字段创建查阅列表，该字段的值来源于“类别”表的“类别 ID”字段的值，隐藏“类别 ID”字段的实际数据，显示与之对应的“类别名称”字段的值。

2. 操作步骤

（1）在“产品”表的设计视图下，单击“供应商 ID”的“数据类型”，选择“查阅向导”，弹出如图 3.15 所示的“查阅向导”对话框，在此对话框中选择“使用查阅字段获取其他表或查询中的值”单选按钮。

（2）单击“下一步”按钮，弹出如图 3.16 所示的对话框，由于“供应商 ID”字段的值来源于“供应商”表的“供应商 ID”字段的值，所以选择“表：供应商”。

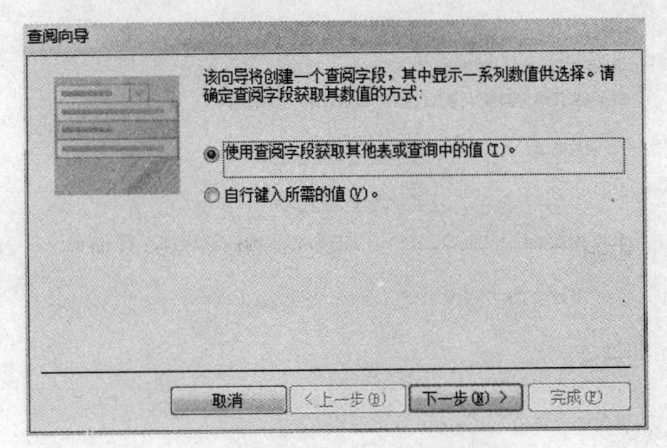

图3.15　选择“查阅向导”方式

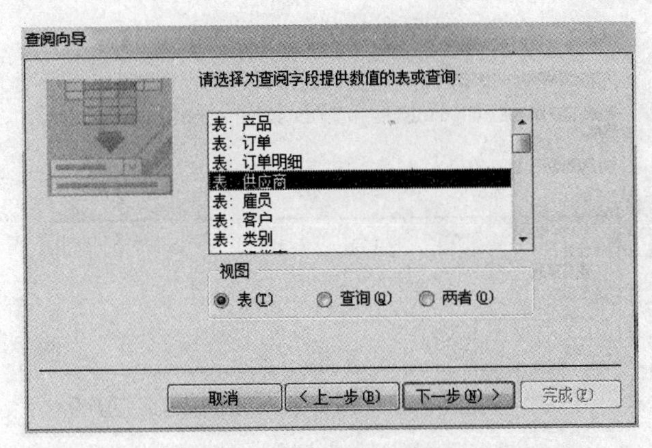

图3.16　选择为查阅列提供数据的表或查询

（3）单击“下一步”按钮，弹出如图3.17所示的对话框，选择“公司名称”为“选定字段”。

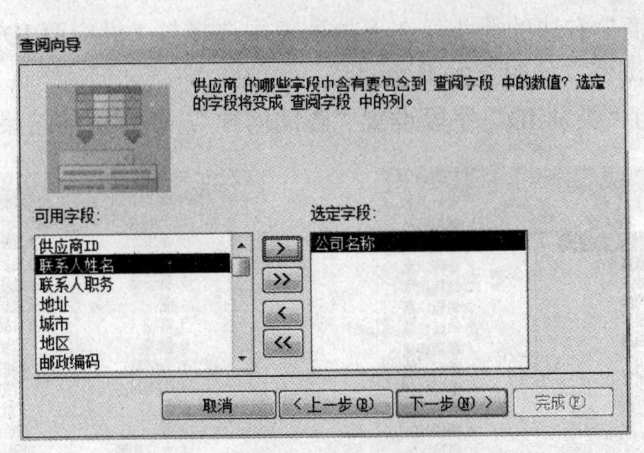

图3.17　选择为查阅列提供的可用字段

（4）单击“下一步”按钮，弹出如图3.18所示的对话框，在该对话框中可以设置表中记录的排序次序。

（5）单击“下一步”按钮，弹出如图3.19所示的对话框，在该对话框中勾选“隐藏键列（建议）”复选框。

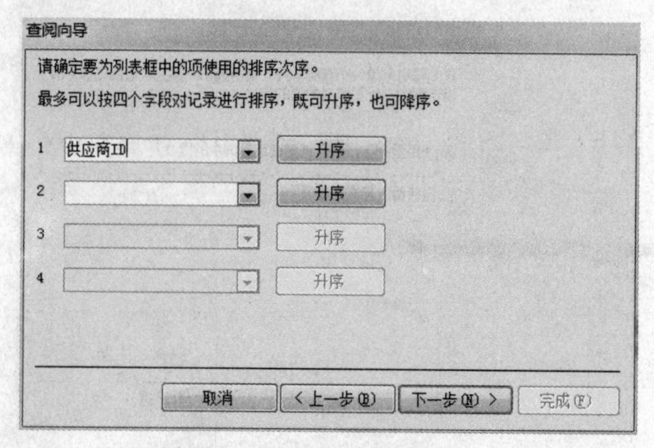

图 3.18　确定数据表的排序次序

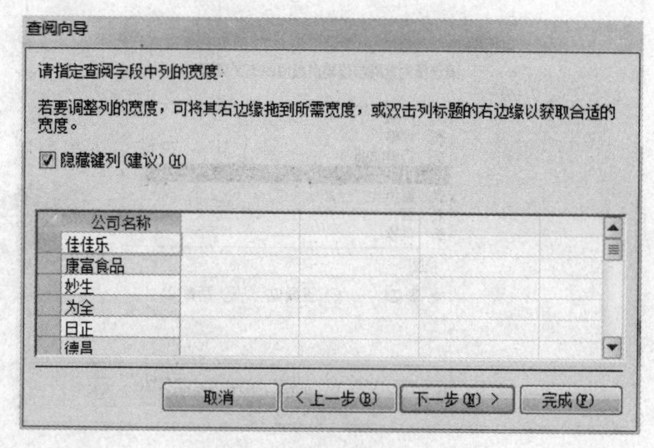

图 3.19　设置查阅列的列宽

（6）单击“下一步”按钮，为查阅列指定标签为“供应商”。

（7）单击“完成”按钮，在数据表视图下打开“产品”，当输入“供应商”字段的内容时，可以单击“供应商”右边的箭头，在下拉列表中选择与“供应商 ID”对应的“公司名称”字段的值，方便数据浏览，如图 3.20 所示。

（8）同样方法为“类别 ID”字段设置“查阅向导”，设置后的结果如图 3.21 所示。

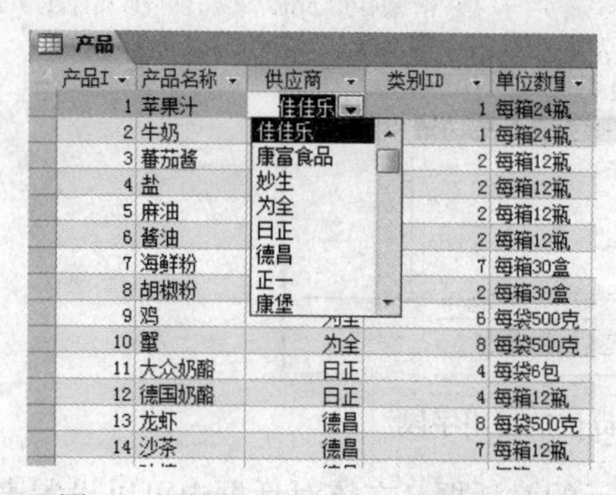

图 3.20　输入“供应商”字段的内容

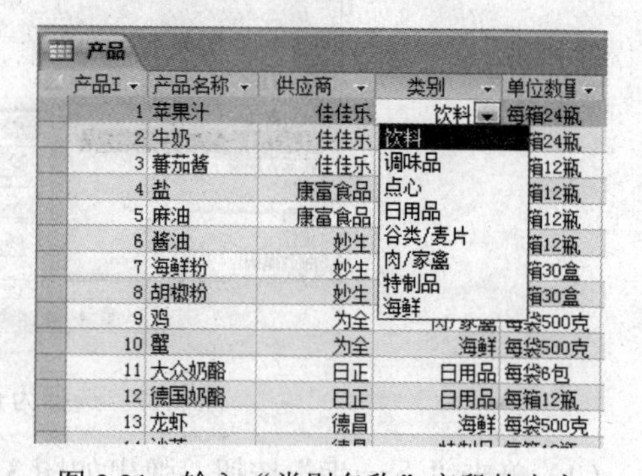

图 3.21　输入“类别名称”字段的内容

实验 3-5　设置数据表的格式。

1. 实验要求

将“订单”表中的“客户 ID”列隐藏，设置行高为 23，所有单元格的格式为“凹陷”，列宽为最佳匹配。

2. 操作步骤

（1）在数据表视图下打开“订单”表，在“客户 ID”字段右击，在弹出的快捷菜单中选择“隐藏字段”命令，如图 3.22 所示，隐藏后的结果如图 3.23 所示。

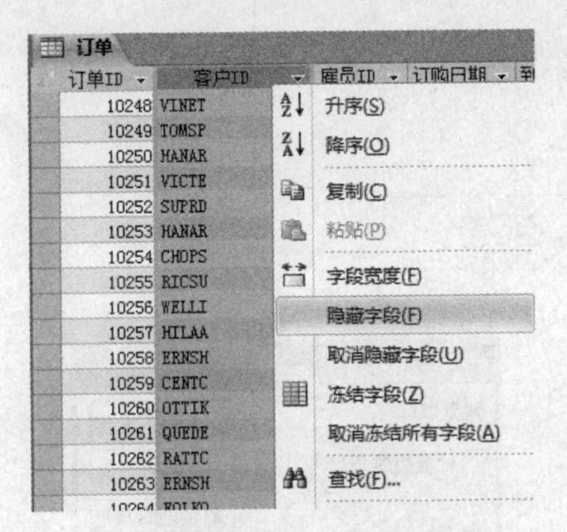

图 3.22　“隐藏字段”的操作

图 3.23　隐藏“客户 ID”列后的“订单”表

（2）在数据表视图下，在行选择器上右击，弹出快捷菜单，如图 3.24 所示，选择“行高”命令，弹出如图 3.25 所示的设置“行高”对话框，输入行高“23”。

图 3.24　设置“行高”的快捷菜单

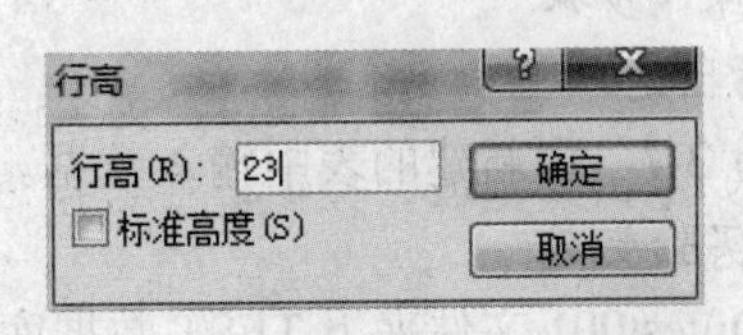

图 3.25　设置“行高”对话框

（3）在数据表视图下，选择“开始｜文本格式组”中右下角的□命令，弹出如图 3.26 所示的对话框，选择“单元格效果”为“凹陷”，再单击“确定”按钮。

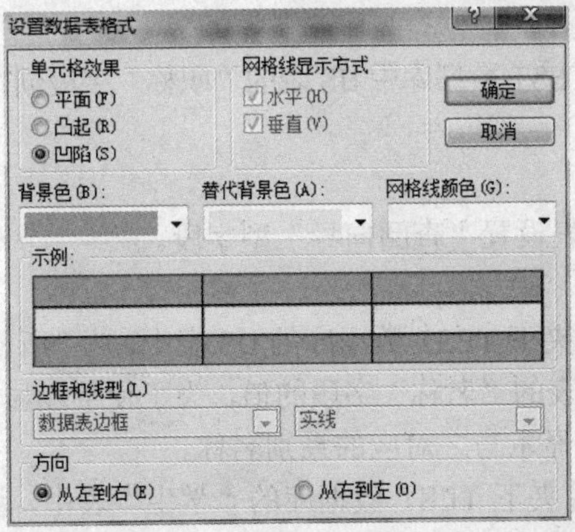

图 3.26　“设置数据表格式”对话框

（4）在数据表视图下，单击“订单 ID”字段列，再按住 Shift 键单击“货主国家”字段列，这时选择了所有列，然后选择“开始｜其他｜字段宽度”命令，如图 3.27 所示，在弹出的如图 3.28 所示的设置“列宽”对话框中单击“最佳匹配”按钮即可。

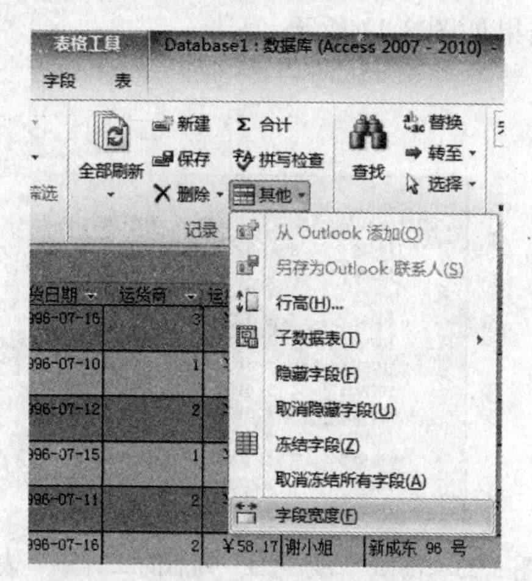

图 3.27 选择“格式｜列宽”命令

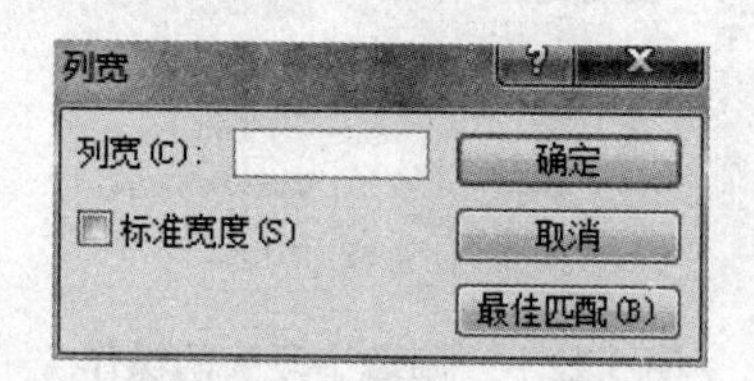

图 3.28 “列宽”对话框

实验 3-6 将 Excel 文件导入到 Access 的表中。

1. 实验要求

请将 D:\test001 文件夹下的电子表格文件 EXCEL_TEST.xls 中的 3 个工作表导入到 D:\test001 文件夹下的 TEST 数据库中。导入的表名分别是“学生表”、“课程表”和“成绩表”，其中“学生表”的主键为“学号”，“课程表”的主键为“课程号”，“成绩表”不需要设置主键。

2. 操作步骤

读者自定。

实验 3-7 向新建的表中输入数据。

1. 实验要求

在 D:\test001 文件夹下 TEST 数据库的 tJS 表中输入数据，注意输入“照片”字段的内容。

2. 操作步骤

读者自定。

实验 3-8 使用值列表设置“查阅向导”型字段。

1. 实验要求

为 D:\test001 文件夹下 TEST 数据库中 tJS 表的“职称”字段创建值列表，方便数据的输入。

2. 操作步骤

读者自定。

实验 3-9 使用查阅列表设置“查阅向导”型字段。

1. 实验要求

（1）在 D:\test001 文件夹下 TEST 数据库的 tJS 表中，为“所属系别”字段创建查阅列表，该字段的值来源于“系别”表的“名称”字段的值，为了使字段显示的内容更清晰，隐藏“所属系别”字段的实际数据，显示与之对应的系别名称。

（2）在 D:\test001 文件夹下 TEST 数据库的“学生”表中，为“所属院系”字段创建查阅列表，该字段的值来源于“系别”表的“名称”字段的值，为了使字段显示的内容更清晰，隐藏“所属院系”字段的实际数据，显示与之对应的系别名称。

2. 操作步骤

读者自定。

实验 3-10　设置数据表的格式。

1. 实验要求

将“订单”表中的“客户 ID”列隐藏，设置行高为 23，所有单元格的格式为“凹陷”。打开“D:\770065”文件夹中 xx.accdb，完成如下操作。

（1）将“城市”表的单元格设置为“凸起”，列宽为最佳匹配。效果如图 3.29 所示。

（2）在“客人”表中添加数据，如图 3.30 所示。

（3）将“客人”表的“客人 ID”列隐藏，“名字”字段移动至最前。

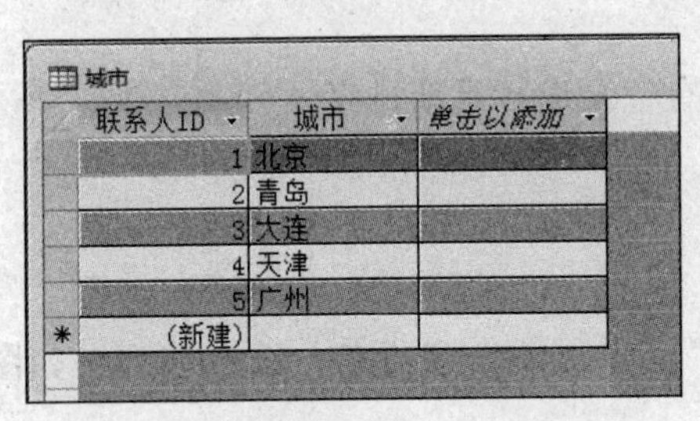

城市

联系人ID	城市	单击以添加
1	北京	
2	青岛	
3	大连	
4	天津	
5	广州	
(新建)		

图 3.29　“城市表”效果图

客人 ID	名字	性别	家庭电话	城市 ID
6	孙佳	女	62795626	2
7	宋梅	女	86521230	2
8	梁小林	男	85621230	2

图 3.30　“客人表”数据

2. 操作步骤

读者自定。

实验 4　表中数据的排序与筛选

一、实验目的

1. 掌握对表中数据的排序方法。
2. 掌握对表中数据的筛选方法。

二、实验内容

实验 4-1　根据一个字段的值对整个表中的所有记录进行重新排序。

1. 实验要求

对“雇员”表按“出生日期”升序排序。

2. 操作步骤

（1）打开“雇员”表的数据表视图，单击“出生日期”字段名，选中该列，如图 4.1 所示。

雇员

	雇员I	姓	名	密码	职务	尊称	出生日期	雇用日期
⊞	1	张	颖		销售代表	女士	1968/12/08	1992/0
⊞	2	王	伟		副总裁(销售)	博士	1962/02/19	1992/0
⊞	3	李	芳		销售代表	女士	1973/08/30	1992/0
⊞	4	郑	建杰		销售代表	先生	1968/09/19	1993/0
⊞	5	赵	军		销售经理	先生	1965/03/04	1993/1
⊞	6	孙	林		销售代表	先生	1967/07/02	1993/1
⊞	7	金	士鹏		销售代表	先生	1960/05/29	1994/0
⊞	8	刘	英玫		内部销售协调员	女士	1969/01/09	1994/0
⊞	9	张	雪眉		销售代表	女士	1969/07/02	1994/1
*	(新建)							

图 4.1　排序设置实施前

（2）选择“开始 | 升序”命令按钮，或单击 “开始 | 筛选器 | 升序”按钮，或在快捷菜单中选择“升序”选项，排序结果如图 4.2 所示。

雇员

	雇员I	姓	名	密码	职务	尊称	出生日期
⊞	7	金	士鹏		销售代表	先生	1960/05/29
⊞	2	王	伟		副总裁(销售)	博士	1962/02/19
⊞	5	赵	军		销售经理	先生	1965/03/04
⊞	6	孙	林		销售代表	先生	1967/07/02
⊞	4	郑	建杰		销售代表	先生	1968/09/19
⊞	1	张	颖		销售代表	女士	1968/12/08
⊞	8	刘	英玫		内部销售协调员	女士	1969/01/09
⊞	9	张	雪眉		销售代表	女士	1969/07/02
⊞	3	李	芳		销售代表	女士	1973/08/30
*	(新建)						

图 4.2　排序设置实施后

（3）在关闭数据表视图时，系统会提示“保存”操作，可根据需要选择是否保存排序以后的数据表。

实验 4-2　根据多个字段的值对整个表中的所有记录进行重新排序。

1. 实验要求

对“产品”表按“单价”升序排序，对单价相同的产品记录按“库存量”降序排序。

2. 操作步骤

（1）打开“产品”表的数据表视图，选择“开始 | 高级筛选选项 | 高级筛选/排序”菜单命令，弹出“筛选”窗口，如图 4.3 所示。

（2）在窗口的设计区域进行选择设置，如图 4.4 所示。

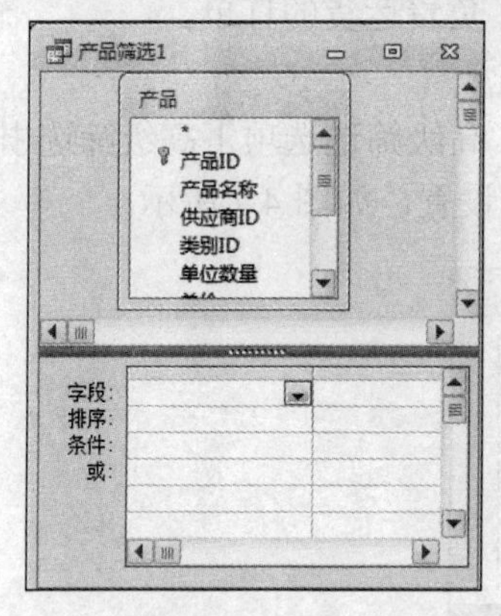

图 4.3　设置前

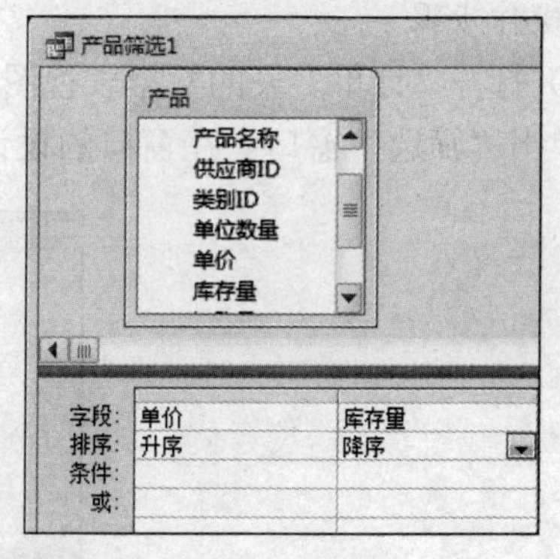

图 4.4　设置后

（3）设置完成后，右击快捷菜栏上的“应用筛选/排序”选项或选择“开始 | 高级筛选选项 | 应用筛选/排序”，图 4.5、图 4.6 分别给出了排序前后的数据排列。

产品

产品I	产品名称	供应商ID	类别ID	单位数量	单价	库存量
1	苹果汁	1	1	每箱24瓶	￥18.00	39
2	牛奶	1	1	每箱24瓶	￥19.00	17
3	蕃茄酱	1	2	每箱12瓶	￥10.00	13
4	盐	2	2	每箱12瓶	￥22.00	53
5	麻油	2	2	每箱12瓶	￥21.35	0
6	酱油	3	2	每箱12瓶	￥25.00	120
7	海鲜粉	3	7	每箱30盒	￥30.00	15
8	胡椒粉	3	2	每箱30盒	￥40.00	6
9	鸡	4	6	每袋500克	￥97.00	29
10	蟹	4	8	每袋500克	￥31.00	31
11	大众奶酪	5	4	每袋6包	￥21.00	22
12	德国奶酪	5	4	每箱12瓶	￥38.00	86
13	龙虾	6	8	每袋500克	￥6.00	24
14	沙茶	6	7	每箱12瓶	￥23.25	35
15	味精	6	2	每箱30盒	￥15.50	39

图 4.5　排序设置实施前

产品

产品I	产品名称	供应商ID	类别ID	单位数量	单价	库存量
33	浪花奶酪	15	4	每箱12瓶	￥2.50	112
24	汽水	10	1	每箱12瓶	￥4.50	20
13	龙虾	6	8	每袋500克	￥6.00	24
52	三合一麦片	24	5	每箱24包	￥7.00	38
54	鸡肉	25	6	每袋3公斤	￥7.45	21
75	浓缩咖啡	12	1	每箱24瓶	￥7.75	125
23	燕麦	9	5	每袋3公斤	￥9.00	61
19	糖果	8	3	每箱30盒	￥9.20	25
47	蛋糕	22	3	每箱24个	￥9.50	36
45	雪鱼	21	8	每袋3公斤	￥9.50	5
41	虾子	19	8	每袋3公斤	￥9.65	85
3	蕃茄酱	1	2	每箱12瓶	￥10.00	13
74	鸡精	4	7	每盒24个	￥10.00	4

图 4.6　排序设置实施后

实施排序前的数据表是按主键“产品 ID”字段排序的，其值由小至大，是在记录录入时自动生成的。

（4）在关闭数据表视图时，系统会提示“保存”操作，可根据需要选择是否保存。选择“保存”操作可保存所进行的排序设置。

（5）保存以后，选择“开始｜取消排序”命令按钮，可以取消所设置的排序顺序。

实验 4-3 条件单一的筛选。

1. 实验要求

从“订单”表中查找由联邦货运（运货商 ID 为 3）负责运货的订单。

2. 操作步骤

（1）打开“订单”表的数据表视图，执行“开始｜高级筛选选项｜高级筛选/排序”菜单命令，弹出“筛选”窗口。在窗口的设计区域进行选择设置，如图 4.7 所示。

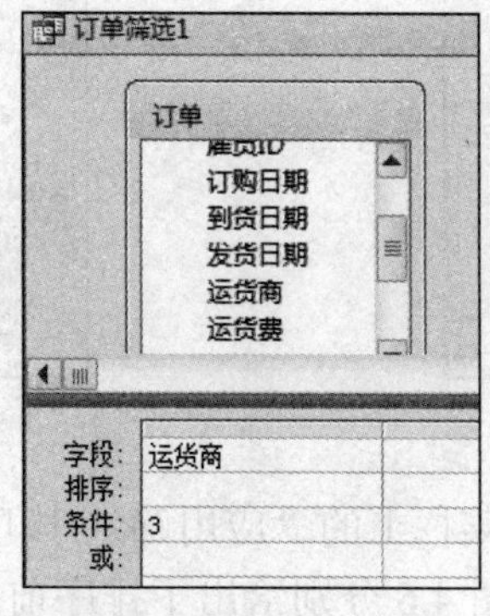

图 4.7 筛选设计窗口

“运货商”字段是“数字”类型，其值输入为 3。

（2）设置完成后，执行“开始”选项卡上的“应用筛选”按钮，实施对数据表的筛选，结果如图 4.8 所示。

订单

订单ID	客户ID	雇员ID	订购日期	到货日期	发货日期	运货商	运货费
10248	VINET	5	1996-07-04	1996-08-01	1996-07-16	3	￥32.38
10255	RICSU	9	1996-07-12	1996-08-09	1996-07-15	3	￥148.33
10257	HILAA	4	1996-07-16	1996-08-13	1996-07-22	3	￥81.91
10259	CENTC	4	1996-07-18	1996-08-15	1996-07-25	3	￥3.25
10262	RATTC	8	1996-07-22	1996-08-19	1996-07-25	3	￥48.29
10263	ERNSH	9	1996-07-23	1996-08-20	1996-07-31	3	￥146.06
10264	FOLKO	6	1996-07-24	1996-08-21	1996-08-23	3	￥3.67
10266	WARTH	3	1996-07-26	1996-09-06	1996-07-31	3	￥25.73
10268	GROSR	8	1996-07-30	1996-08-27	1996-08-02	3	￥66.29
10273	QUICK	3	1996-08-05	1996-09-02	1996-08-12	3	￥76.07
10276	TORTU	8	1996-08-08	1996-08-22	1996-08-14	3	￥13.84
10277	MORGK	2	1996-08-09	1996-09-06	1996-08-13	3	￥125.77
10283	LILAS	3	1996-08-16	1996-09-13	1996-08-23	3	￥84.81
10286	QUICK	8	1996-08-21	1996-09-18	1996-08-30	3	￥229.24

图 4.8 筛选结果

（3）关闭数据表视图，选择“保存”操作可保存所进行的筛选设置。通过执行“开始”选项卡上的“应用筛选”按钮，进行筛选结果显示的切换。

实验 4-4 复杂筛选条件的筛选。

1. 实验要求

从“订单明细”表中筛选出下订数量超过 40 并且产品单价大于 50 元的订单明细，显示的结果按折扣降序排序。

2. 操作步骤

（1）打开“订单明细”表的数据表视图，执行“开始 | 高级筛选选项 | 高级筛选/排序”菜单命令，弹出“筛选”窗口。在窗口的设计区域进行选择设置，如图 4.9 所示。

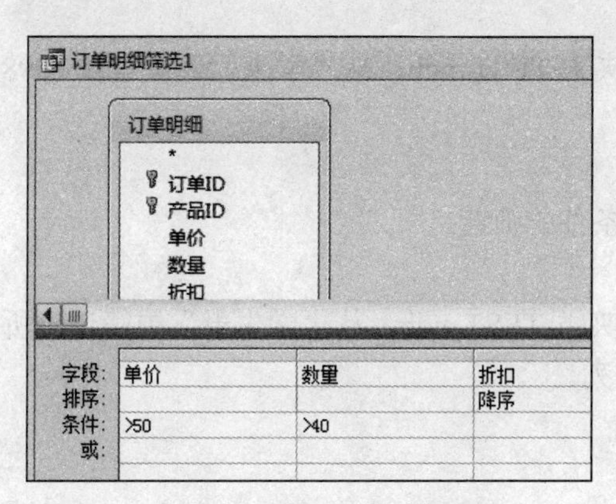

图 4.9　“筛选”窗口设置

利用高级筛选功能，在筛选设计窗口“单价”的“条件”单元格输入“>50”，“数量”的“条件”单元格输入“>40”，“折扣”的“排序”单元格选择“降序”，应用筛选后结果如图 4.10 所示。

订单明细

订单I	产品ID	单价	数量	折扣	单击以添加
11030	29	¥123.79	60	25%	
11021	51	¥53.00	44	25%	
10993	29	¥123.79	50	25%	
10687	9	¥97.00	50	25%	
10912	29	¥123.79	60	25%	
11030	59	¥55.00	100	25%	
10424	38	¥210.80	49	20%	
10353	38	¥210.80	50	20%	
10549	51	¥53.00	48	15%	
10701	59	¥55.00	42	15%	
10851	59	¥55.00	42	5%	
10776	51	¥53.00	120	5%	
10865	38	¥263.50	60	5%	
10953	20	¥81.00	50	5%	
10745	59	¥55.00	45	0%	
10897	29	¥123.79	80	0%	
10634	18	¥62.50	50	0%	
10561	51	¥53.00	50	0%	

图 4.10　筛选结果

（3）关闭数据表视图，选择“保存”操作，保存所进行的筛选设置。

实验 4-5　根据一个字段的值对整个表中的所有记录进行重新排序。

1. 实验要求

打开 D:\test001 文件夹下 TEST.mdb，对其中“学生表”按“入校时间”升序排序。

2. 操作步骤

读者自定。

实验 4-6　根据多个字段的值对整个表中的所有记录进行重新排序。

1. 实验要求

打开 D:\test001 文件夹下 TEST.mdb，对其中 TJS 表按“职称”升序排序，对职称相同的记录按“工作日期”降序排序。

2．操作步骤

读者自定。

实验 4-7 条件单一的筛选。

1．实验要求

打开 D:\test001 文件夹下 TEST.mdb，从“学生”表中查找 1998 年入学的学生。

2．操作步骤

读者自定。

实验 4-8 复杂筛选条件的筛选。

1．实验要求

打开 D:\test001 文件夹下 TEST.mdb，从“学生表”中筛选出所有“计算机系”的男生，并按“入校时间”升序排列。

2．操作步骤

读者自定。

实验 5 建立表间的关系

一、实验目的

1. 学会分析表之间的关系，并创建合理的关系。
2. 掌握参照完整性的含义，并学会设置表间的参照完整性。
3. 理解“级联更新相关字段”和“级联删除相关记录”的含义。
4. 学会设置“级联更新相关字段”和“级联删除相关记录”。

二、实验内容

实验 5-1 分析数据库中表之间的关系，创建科学合理的关系。

1. 实验要求

定义“罗斯文”数据库中 8 张表之间的关系。

2. 操作步骤

（1）打开“罗斯文”数据库，选择 “数据库工具 | 关系”按钮命令，打开“关系”窗口，然后单击工具栏上的“显示表”按钮，弹出如图 5.1 所示的“显示表”对话框。

（2）在“显示表”对话框中，单击表“产品”，然后单击“添加”按钮，使用同样的方法将“订单”、“订单明细”、“供应商”、“雇员”、“客户”、“类别”和“运货商”添加到“关系”窗口中。

（3）选定“产品”表中的“产品 ID”字段，然后按下鼠标左键并拖曳到“订单明细”表中的“产品 ID”字段上，松开鼠标左键，弹出如图 5.2 所示的“编辑关系”对话框。

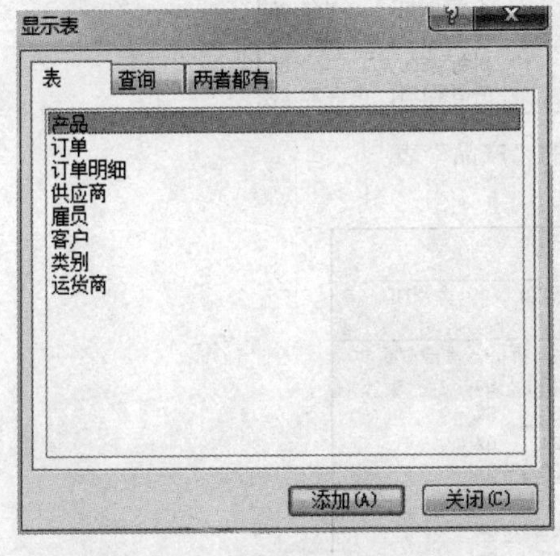

图 5.1 “显示表”对话框

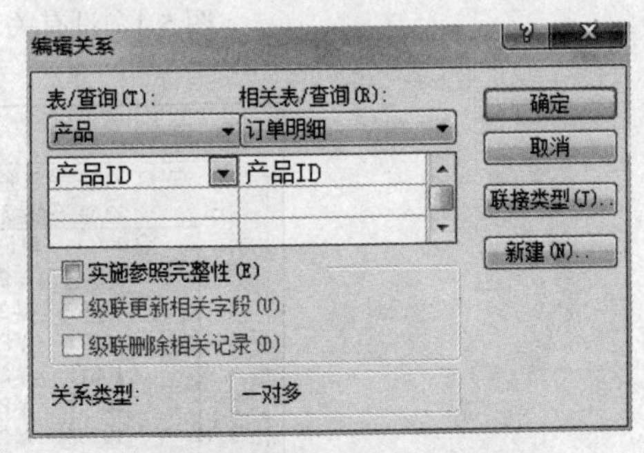

图 5.2 “编辑关系”对话框

（4）用同样的方法，依次建立其他几个表间的关系，如图 5.3 所示。

在图 5.3 的“关系”窗口中，每个表中字段名加粗的字段即为该表的主键或联合主键（主键一般是在建立表结构时设置的）。

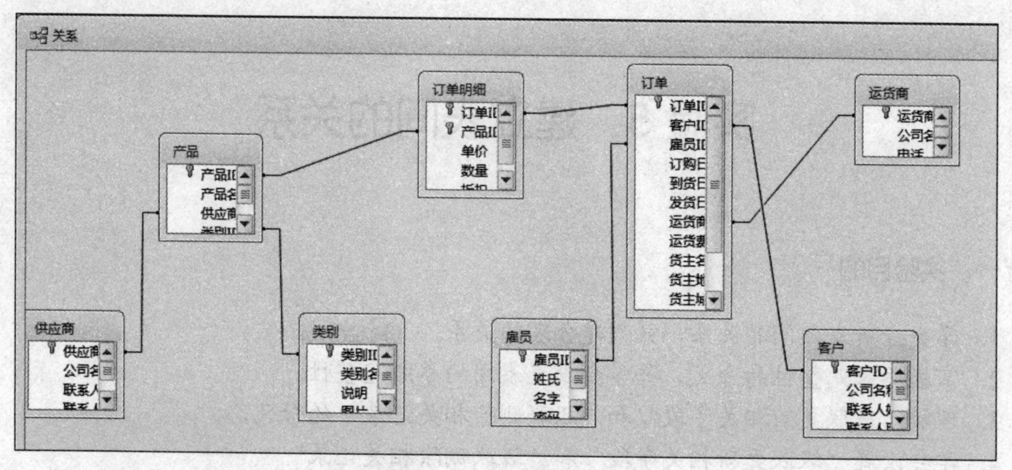

图 5.3　建立关系结果

（5）单击“关闭”按钮，这时 Access 询问是否保存布局的修改，单击“是”按钮，即可保存所建的关系。

表间建立关系后，在主表的数据表视图中能看到左边新增了带有“+”的一列，说明该表与另外的表（子数据表）建立了关系。通过单击“+”按钮可以看到子数据表中的相关记录。图 5.4 所示为没有关系之前的“产品”表，图 5.5 所示为建立关系后的“产品”表。

产品

产品I	产品名称	供应商ID	类别ID	单位数量	单价
1	苹果汁	1	1	每箱24瓶	￥18.00
2	牛奶	1	1	每箱24瓶	￥19.00
3	蕃茄酱	1	2	每箱12瓶	￥10.00
4	盐	2	2	每箱12瓶	￥22.00
5	麻油	2	2	每箱12瓶	￥21.35
6	酱油	3	2	每箱12瓶	￥25.00
7	海鲜粉	3	7	每箱30盒	￥30.00
8	胡椒粉	3	2	每箱30盒	￥40.00
9	鸡	4	6	每袋500克	￥97.00
10	蟹	4	8	每袋500克	￥31.00
11	大众奶酪	5	4	每袋6包	￥21.00
12	德国奶酪	5	4	每箱12瓶	￥38.00
13	龙虾	6	8	每袋500克	￥6.00
14	沙茶	6	7	每箱12瓶	￥23.25

图 5.4　没有关系之前的“产品”表

产品

产品I	产品名称	供应商ID	类别ID
33	浪花奶酪	15	4

订单I	单价	数量	折扣	单击以添加
10252	￥2.00	25	5%	
10269	￥2.00	60	5%	
10271	￥2.00	24	0%	
10273	￥2.00	20	0%	
10341	￥2.00	8	0%	
10382	￥2.00	60	0%	
10410	￥2.00	49	0%	
10414	￥2.00	50	0%	
10415	￥2.00	20	0%	
10454	￥2.00	20	20%	
10473	￥2.00	12	0%	
10515	￥2.50	16	15%	

图 5.5　建立关系后的“产品”表

实验 5-2　设置数据库表间的参照完整性。

1．实验要求

通过实施参照完整性，修改“罗斯文”数据库中 8 个表之间的关系。

2．操作步骤

（1）在实验 5-1 的基础上，单击工具栏上的“关系”按钮，打开“关系”窗口，如图 5.3 所示。

（2）在图 5.3 中，单击“产品”表和“订单明细”表间的连线，然后在连线处右击，弹出快捷菜单，如图 5.6 所示。

（3）在快捷菜单中选择“编辑关系”命令，弹出“编辑关系”对话框，如图 5.7 所示。

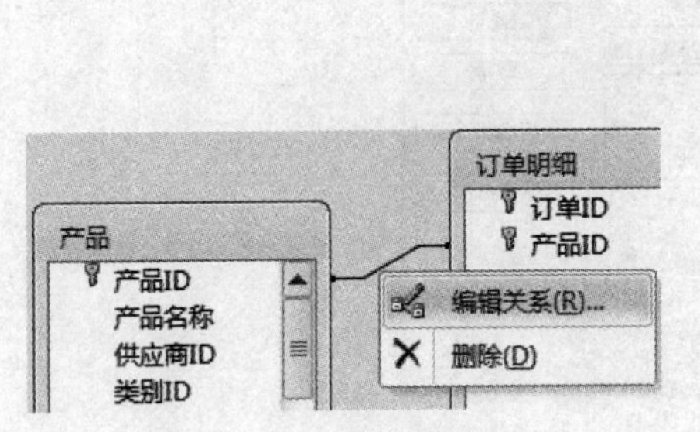

图 5.6　编辑关系

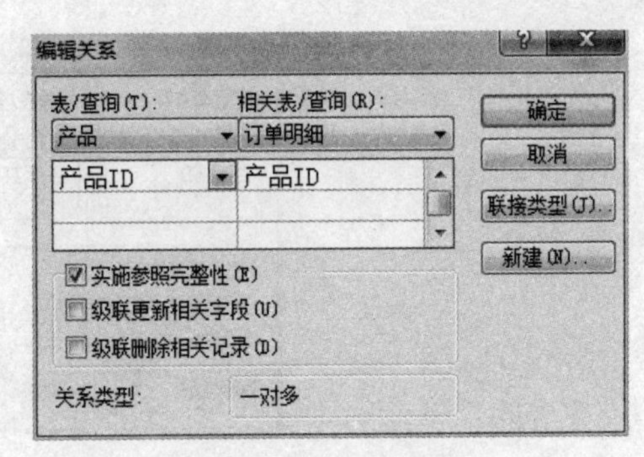

图 5.7　实施参照完整性

（4）在图 5.7 中勾选“实施参照完整性”复选框，同样的方法修改其他几个表间的参照完整性。保存建立完成的关系，这时看到的“关系”窗口如图 5.8 所示，两个数据表之间显示如∞ 1的线条。

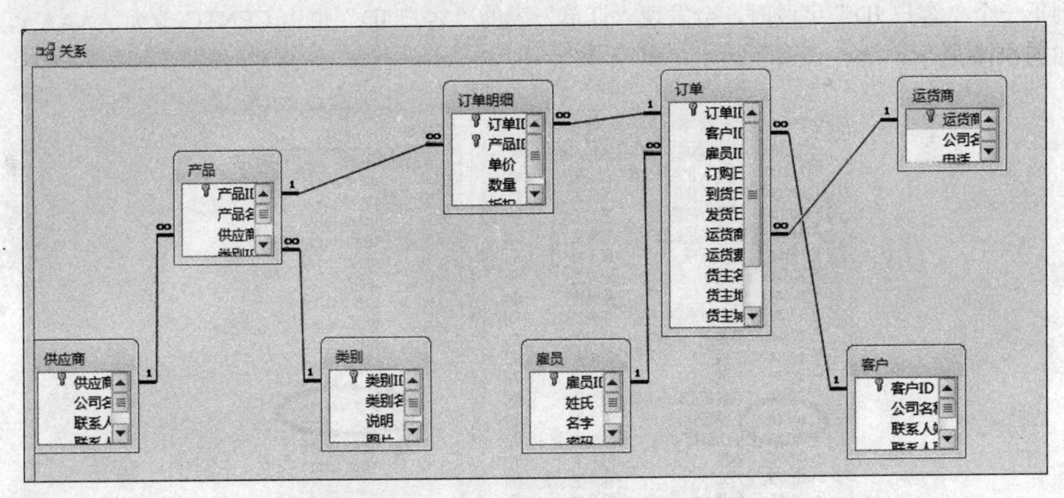

图 5.8　“实施参照完整性”后的关系结果

实验 5-3　使用“级联更新相关字段”功能和“级联删除相关记录”功能。

1．实验要求

（1）在“罗斯文”数据库中，“客户”表和“订单”表的关系是一对多的关系，使用“级联更新相关字段”功能，使两个表中的“客户 ID”同步更新。

（2）在“罗斯文”数据库中，“订单”表和“订单明细”表的关系是一对多的关系，使用“级联删除相关记录”功能，使得删除“订单”表中的任意一条记录，“订单明细”表中的相关记录也被删除。

2. 操作步骤

（1）打开“罗斯文”数据库，选择 “数据库工具 | 关系”按钮命令，打开如图5.3所示的“关系”窗口。

（2）选择“客户”表和“订单”表两表间的关系连线，然后选择“关系工具 | 设计 | 编辑关系”命令按钮或直接在“客户”表和“订单”表的关系线上双击，弹出“编辑关系”对话框。

（3）在“编辑关系”对话框中勾选“级联更新相关字段”复选框，如图5.9所示。

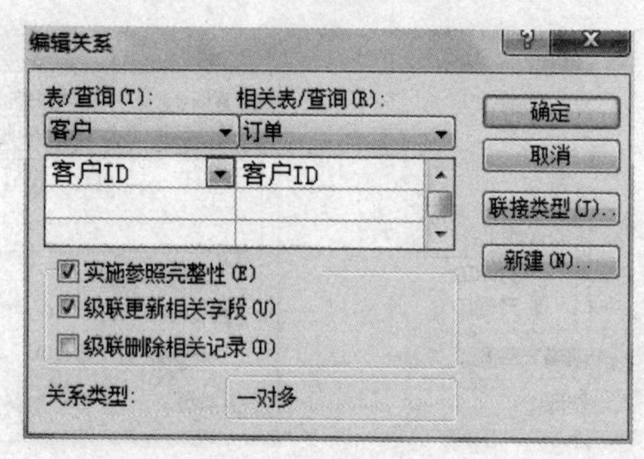

图5.9 “编辑关系”对话框

（4）单击“保存”按钮，保存建立完成的关系。

（5）分别打开“客户”表和“订单”表，将两者调整至可以同时显示在屏幕的状态。

（6）将“客户”表中第13条记录的“客户ID”由CENTC改为AAAAA，将鼠标指针移到下一个“客户ID”字段时，会发现“订单”表的“客户ID”也由CENTC改为AAAAA，如图5.10所示。

图5.10 更改记录

由于已启动“级联更新相关字段”，在“客户”表中更改数据时，“订单”表中的数据也会自动更改。反之，若未启动“级联更新相关字段”，则在“客户”表中修改“客户ID”字段内容时，若“订单”表中保存有相关记录，则禁止“客户”表更新，若“订单”表中不存在相关记录，则允许“客户”表更新。

（7）编辑“订单”表与“订单明细”表关系，在“编辑关系”对话框中勾选“级联删除相关记录”复选框，如图 5.11 所示。

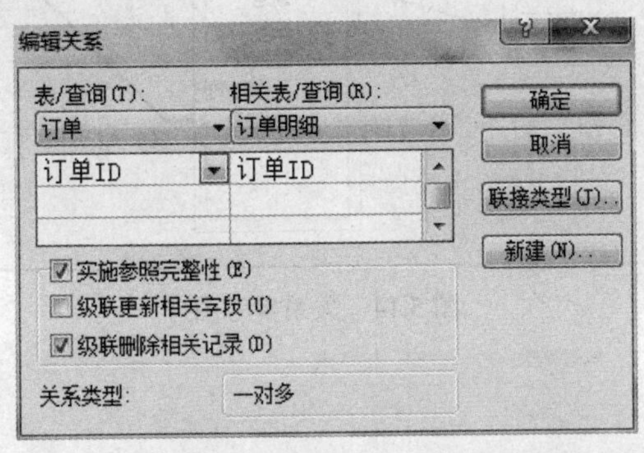

图 5.11　“订单”表与“订单明细”表的“编辑关系”对话框

（8）同时打开“订单”表与“订单明细”表，将两者调整至可以同时显示在屏幕的状态。删除“订单”表中“订单 ID”为 10249 的记录，则系统会提示如图 5.12 所示的信息。

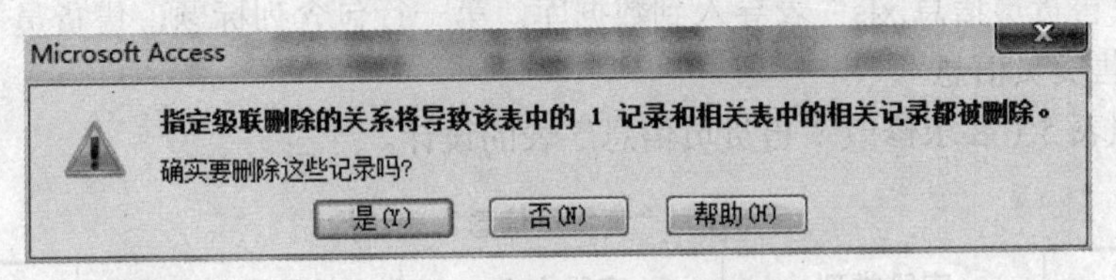

图 5.12　删除记录提示信息

（9）单击“是”按钮，“订单”表中“订单 ID”为 10249 的记录将被删除，“订单明细”表中有关“订单 ID”为 10249 的记录也全部被删除，如图 5.13 所示。

订单

订单ID	客户ID	雇	订购日期	到货
10248	VINET	5	1996-07-04	199
10250	HANAR	4	1996-07-08	199
10251	VICTE	3	1996-07-08	199
10252	SUPRD	4	1996-07-09	199
10253	HANAR	3	1996-07-10	199
10254	CHOPS	5	1996-07-11	199
10255	RICSU	9	1996-07-12	199
10256	WELLI	3	1996-07-15	199
10257	HILAA	4	1996-07-16	199
10258	ERNSH	1	1996-07-17	199

订单明细

订单I	产品ID	单价	数	折
10248	17	¥14.00	12	0
10248	42	¥9.80	10	0
10248	72	¥34.80	5	0
已删除的		#已删除的	删除的	删除的
已删除的		#已删除的	删除的	删除的
10250	41	¥7.70	10	0
10250	51	¥42.40	35	15
10250	65	¥16.80	15	15
10251	22	¥16.80	6	5
10251	57	¥15.60	15	5

图 5.13　删除记录

由于已启动“级联删除相关记录”，在“订单”表中删除数据时，“订单明细”表中的数据也会自动删除。反之，若未启动“级联删除相关记录”，则在“订单”表中删除记录时，若“订单明细”表中保存有相关记录，则禁止“订单”表删除，若“订单明细”表中不存在相关记录，则允许“订单”表删除。

实验 5-4　分析数据库中表之间的关系，创建科学合理的关系。

1. 实验要求

打开 D:\770069 文件夹中 xx.mdb，其中包含“课程表”、“系别表”、“教师表”。设置三个表的关系。结果如图 5.14 所示。

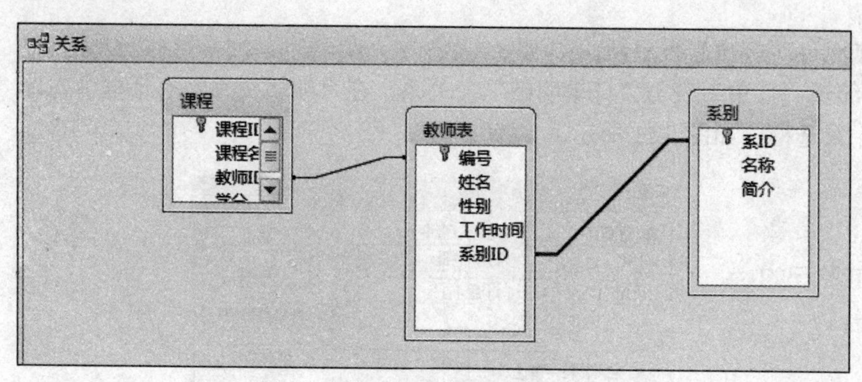

图 5.14 关系参考图

2. 操作步骤

读者自定。

实验 5-5 设置数据库表间的参照完整性。

1. 实验要求

打开 D:\770073 文件夹中 db4.mdb，完成以下操作：

（1）将“售货员信息.xls”表导入到数据库，第一行包含列标题，售货员 ID 为主键，导入表命名为“售货员信息”。

（2）按照表 5.1 要求修改“售货员信息”表的设计。

表 5.1 “售货员信息”表结构

字段名称	字段类型	字段大小	是否主键	默认值
售货员 ID	数字	整型	是	
职工姓名	文本	10		
性别	文本	1		男
电话	文本	20		

（3）设置“库存数据”表和“销售数据”表的关系为一对多；“售货员信息”表和“销售数据”表的关系为一对多；并分别实施参照完整性。

2. 操作步骤

读者自定。

实验 5-6 使用“级联更新相关字段”功能和“级联删除相关记录”功能。

1. 实验要求

在实验 5-4 的基础上，设置“系别”表和“教师”表的关系为一对多，实施参照完整性，使用“级联更新相关字段”功能，使两个表中的系别 ID 号可以同步更新。设置“教师”表和“课程”表的关系为一对多，实施参照完整性，使用“级联删除相关记录”功能，使得删除“订单”表中的任意一条记录，“订单明细”表中的相关记录也被删除。

2. 操作步骤

读者自定。

实验 6　查询设计（一）

一、实验目的

1. 理解查询的概念，了解查询的种类。
2. 认识查询的数据表视图、设计视图和 SQL 视图，掌握查询结果的查看方法。
3. 掌握选择查询、交叉表查询的创建方法。

二、实验内容

实验 6-1　创建选择查询。

1. 实验要求

（1）根据“雇员”表，创建查询“女雇员年龄”，筛选出女雇员并添加一个新字段“实际年龄”，查询结果中还有“雇员 ID”、“姓名”、“性别”、“雇用日期”和“家庭地址”的字段。

（2）在“女雇员年龄”查询的基础上，创建查询“雇用日期最早的前 3 名女雇员”，查找最早雇用的前 3 名女雇员。

2. 操作步骤

（1）打开“罗斯文”数据库，选择功能区“创建”选项卡上的“查询”组，单击“查询设计”，出现查询设计视图。并出现“显示表”对话框。

（2）从“显示表”对话框中选择“雇员”表添加到查询设计视图上半部分窗口中。在设计网格中添加相关字段，如图 6.1 所示。在“字段”行填写：实际年龄: Year(Date())-Year([出生日期])，在“性别”字段的“条件”行填写“女”。

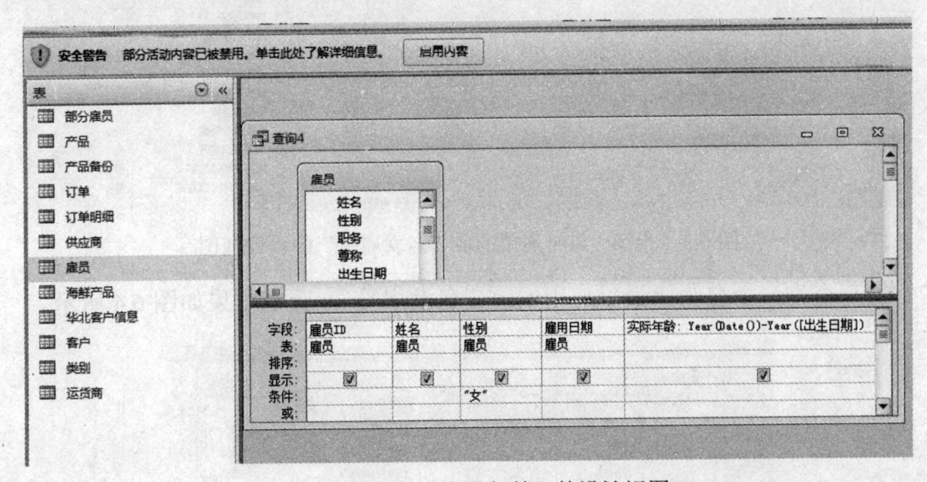

图 6.1　查询“女雇员年龄”的设计视图

（3）单击工具栏中的“保存”按钮，在“另存为”对话框中输入查询名称“女雇员年龄”。

（4）单击查询工具中的“运行”按钮运行查询，查询运行结果如图 6.2 所示。

（5）选择功能区“创建”选项卡上的“查询”组，单击“查询设计”，出现查询设计视图。并出现“显示表”对话框。在弹出的“显示表”对话框中，选择“查询”选项卡，将查询“女雇员年龄”添加到查询设计视图的上半部分。

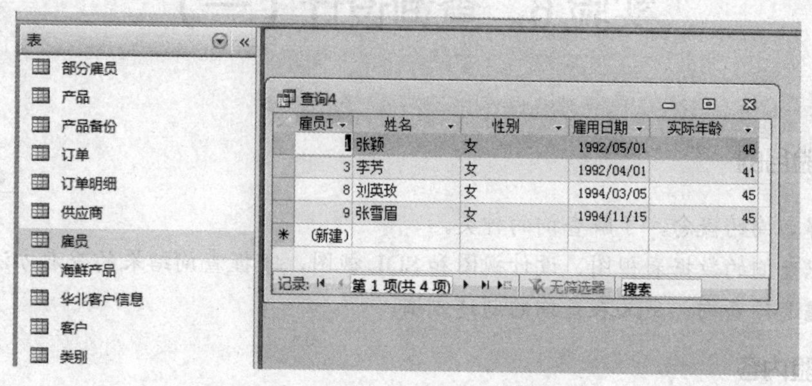

图 6.2 查询“女雇员年龄”的运行结果

（6）在设计视图中进行如图 6.3 所示的设置，右击查询设计视图上半部分的空白处，在弹出的快捷菜单中选择“属性”，弹出“查询属性”对话框，在“上限值”中输入 3，在“雇用日期”字段的“排序”单元格选择“升序”。

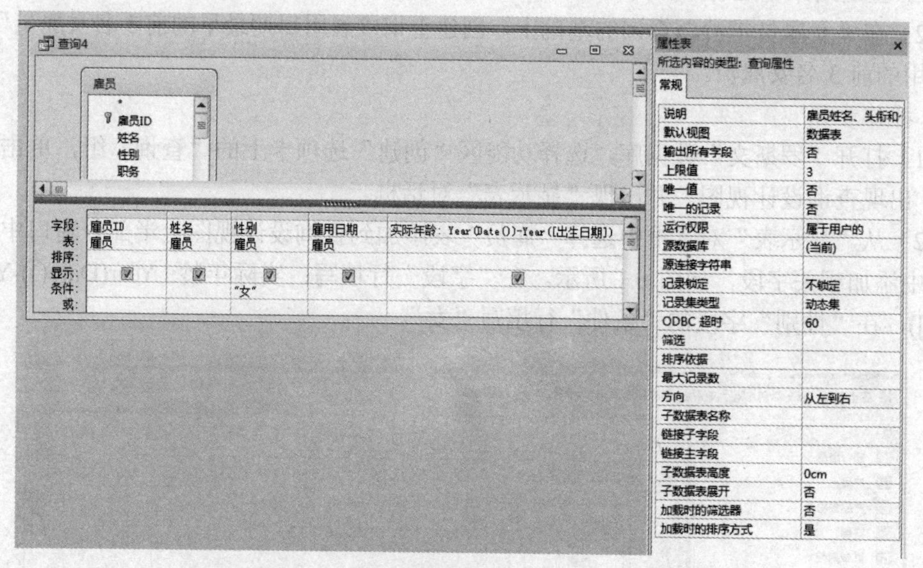

图 6.3 查询“最早雇用的前 3 名女雇员”的设计视图

（7）保存查询，命名为“最早雇用的前 3 名女雇员”，查询结果如图 6.4 所示。

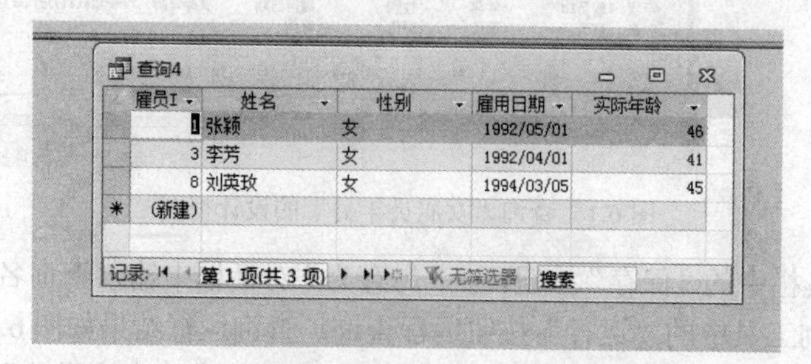

图 6.4 查询“最早雇用的前 3 名女雇员”的运行结果

实验 6-2　创建具有汇总功能的选择查询。

1．实验要求

建立查询“产品库存量”，显示的字段有“类别名称”、“库存量”、“最大库存量”、“最小库存量”、“平均库存量”。数据来源于“产品”表、“类别”表。查询运行结果如图 6.5 所示。

2．操作步骤

（1）创建“查询”对象。

（2）选择表：产品、类别。

（3）选择字段：类别名称、库存量、库存量、库存量。

（4）单击工具栏“总计”按钮，在总计行依次设置上述 5 字段的计算方式：分组、最小值、最大值和平均值。

（5）字段分别命名：类别名称、最大库存量：库存量、最小库存量：库存量、平均库存量：库存量，如图 6.5 所示。运行结果如图 6.6。

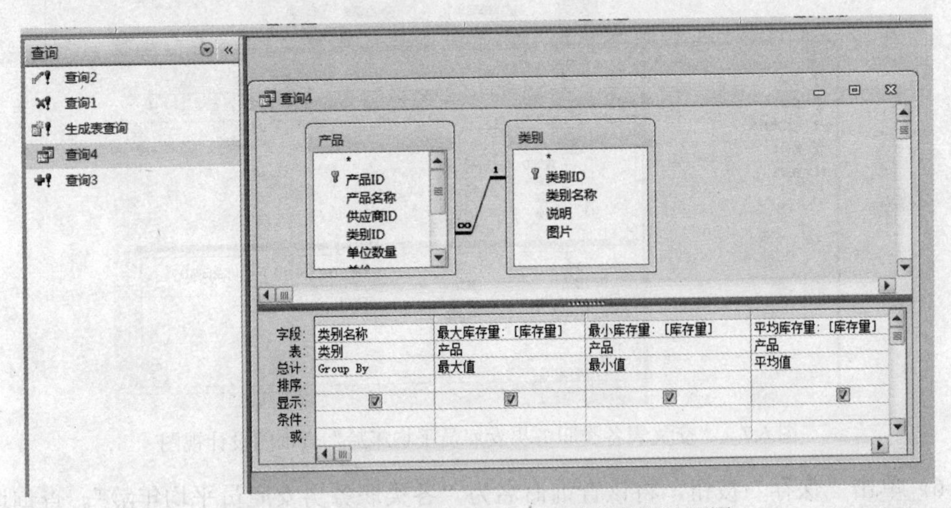

图 6.5　“产品库存量分类汇总”查询的设计视图

类别名	最大库存量	最小库存量	平均库存量
点心	76	3	29.6923076923077
调味品	120	0	42.25
谷类/麦片	104	21	44
海鲜	123	5	58.4166666666667
日用品	112	0	39.3
肉/家禽	115	0	27.5
特制品	35	4	20
饮料	125	15	46.5833333333333

记录：第 1 项(共 8 项)　无筛选器　搜索

图 6.6　“产品库存量分类汇总”的查询结果

（6）保存命名为“产品库存量分类汇总”。

实验 6-3　创建交叉表查询。

1．实验要求

创建“各类职务男女雇员平均年龄”查询，要求交叉表的行标题是“职务”，列标题为“性别”，行列交叉点（值）为平均年龄。

2. 操作步骤

（1）打开查询的设计视图。

（2）选择表：雇员。

（3）选择字段：性别、职务、出生日期。

（4）单击查询工具中的“交叉表”按钮，在总计行依次设置上述 3 个字段的计算方式：分组、分组、平均值。

（5）在交叉表行依次设置上述 3 个字段的显示方式：行标题、列标题、值。如图 6.7 所示。

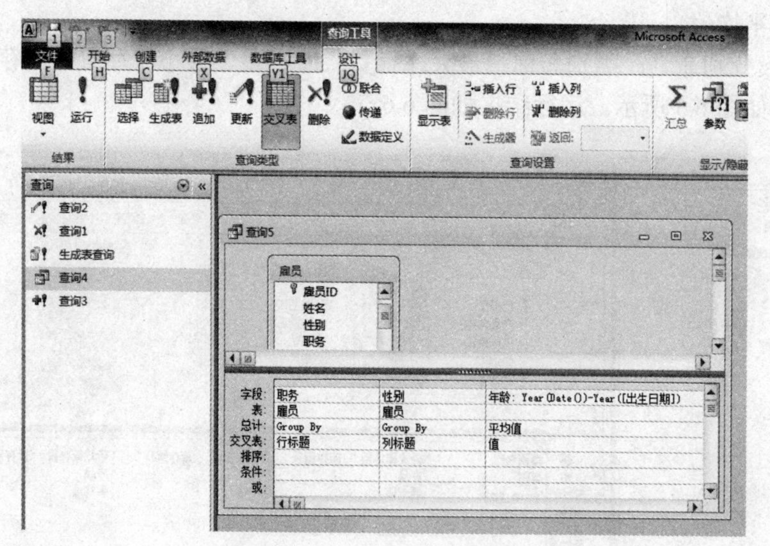

图 6.7 “交叉表各类职务男女雇员平均年龄”查询的设计视图

（6）单击“保存”按钮，将该查询命名为“各类职务男女雇员平均年龄”。查询运行结果如图 6.8 所示。

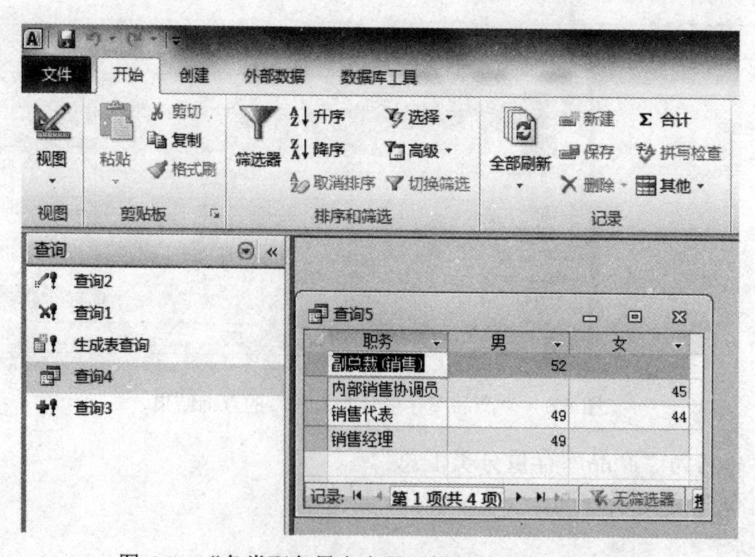

图 6.8 “各类职务男女雇员平均年龄”的查询结果

实验 6-4　创建选择查询。

1. 实验要求

考生文件夹下存在一个数据文件 samp2.mdb，里面已经设计好两个表对象 tBand 和 tLine。试按以下要求完成设计：

创建一个选择查询，查找并显示“团队 ID”、“导游姓名”、“线路名”，“天数”，“费用”，等 5 个字段的内容，所建查询命名为 qT1。

2. 操作步骤

读者自定。

实验 6-5　创建选择查询。

1. 实验要求

考生文件夹下存在一个数据文件 samp2.mdb，里面已经设计好两个表对象 tBand 和 tLine。试按以下要求完成设计：

创建一个选择查询，查找并显示旅游“天数”在五到十天之间（包括五天和十天）的“线路名”、“天数”和“费用”，所建查询名为 qT2。

2. 操作步骤

读者自定。

实验 6-6　创建选择查询。

1. 实验要求

考生文件夹下存在一个数据文件 samp2.mdb，里面已经设计好两个表对象 tBand 和 tLine。试按以下要求完成设计：

创建一个选择查询，能够显示 tLine 表的所有字段内容，并添加一个计算字段“优惠后价格”，计算公式为：优惠后价格=费用×（1-10%），所建查询名为 qT3。

2. 操作步骤

读者自定。

实验 7　查询设计（二）

一、实验目的

1. 掌握参数查询的创建方法。
2. 了解各种操作查询的用途，掌握各种操作查询的创建方法。
3. 掌握 SQL 查询基本语句 Select、From、Where 的用法。

二、实验内容

实验 7-1　创建参数查询。

1. 实验要求

建立参数查询“饮料产品单价查询”，要求按指定单价范围（分别为“最低价”和“最高价”）显示“产品”表中的记录。查询结果包括“类别名称”、“产品 ID”、“产品名称”、“单价”字段。查询设计要点如图 7.1 所示。

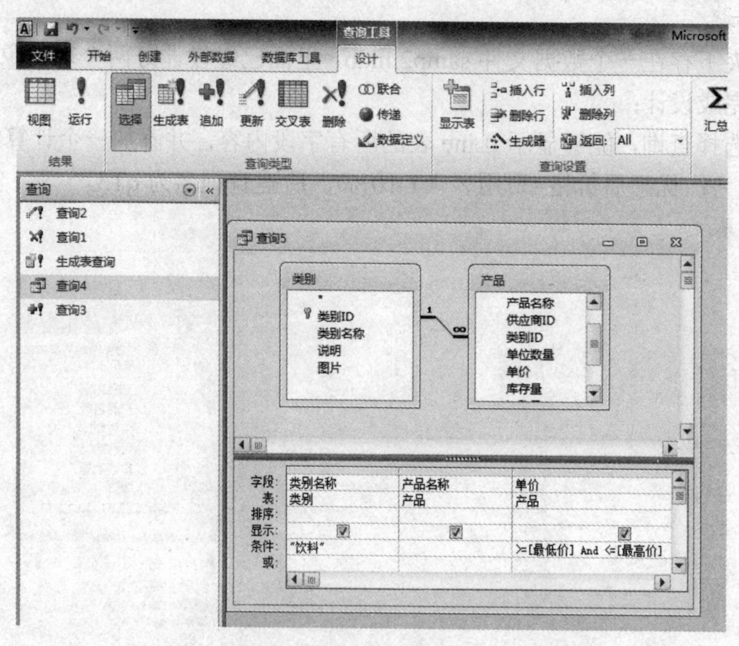

图 7.1　“饮料产品单价查询”查询的设计视图

2. 操作步骤

（1）打开查询设计视图，添加“类别”表、“产品”表。

（2）选择类别名称、产品 ID、产品名称、单价。

（3）在“类别”字段的“条件”单元格输入“饮料”，在“考分”字段下填写条件：>=[最低价] And <=[最高价]。

（4）保存为“饮料产品单价查询”，运行。

实验 7-2　创建操作查询。

1. 实验要求

（1）定义更新查询“更新海鲜产品单价”，将“产品备份”表的海鲜产品的“单价”字段值都增加 10%，并运行查询。注意，查询只运行一次。

（2）以更新后的“产品备份”表为数据源建立一个删除查询“删除部分产品”，其功能是删除“产品”表中单价大于 30 的，并执行该查询。

2. 操作步骤

（1）打开查询设计视图，添加“类别”、“产品备份”表。

（2）添加“类别名称”、“单价”字段。

（3）单击查询工具中的“更新”按钮，在“单价”字段的“更新到”单元格输入表达式：[单价]*1.1。

（4）保存查询“更新产品单价”，设计视图如图 7.2 所示，运行更新查询。

（5）打开查询设计视图，添加更新后的“产品备份”表。

（6）添加字段“产品备份.*”、“单价”。

（7）单击查询工具中的“删除”按钮，在“删除”行依次设置上述两个字段的属性：From、Where。

（8）在“单价”字段的“条件”单元格输入表达式：>30。

（9）保存查询“删除部分产品”，设计视图如图 7.3 所示。

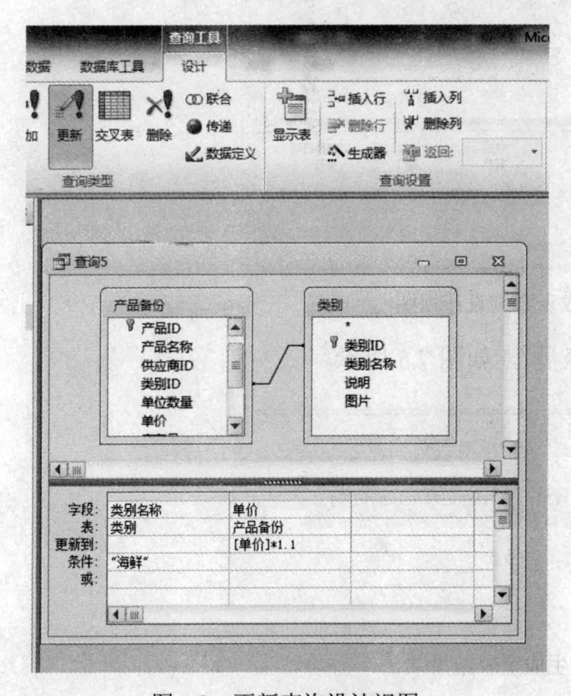

图 7.2　更新查询设计视图

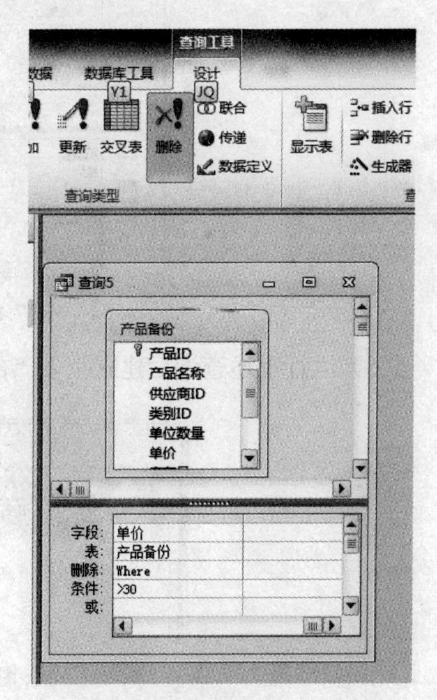

图 7.3　删除查询设计视图

实验 7-3　创建参数查询及操作查询。

1. 实验要求

（1）建立名为“生成空表”的生成表查询，由“雇员”表建立空表“部分雇员”，表中包含字段“雇员 ID”、“姓名”、“性别”、“出生日期”、“雇用日期”。

（2）建立名为“追加部分雇员”的追加查询，将销售代表记录追加到“部分雇员”空表中。

2. 操作步骤

（1）打开查询设计视图，添加“雇员”表。

（2）选择字段：“雇员 ID”、“姓名”、“性别”、“出生日期”、“雇用日期”。

（3）单击查询工具中的“生成表”按钮，在弹出的“生成表”对话框中，输入要生成的表的名称“部分雇员”，单击“确定”按钮。

（4）在“雇员 ID”字段的“条件”单元格填写条件：Is Null，使得上述查询预览结果为空集合。保存查询为“生成空表”，设计视图如图 7.4 所示。

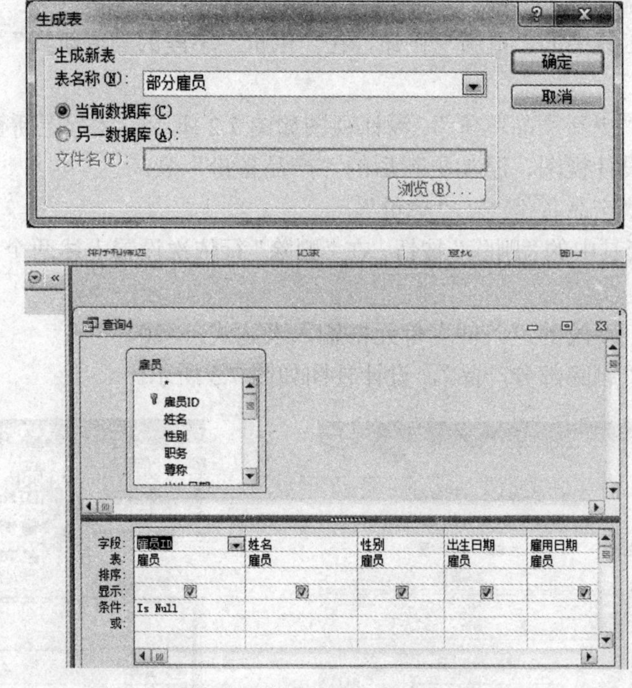

图 7.4 生成表查询设计视图

（5）运行上述查询后建立空表“部分雇员”，如图 7.5 所示。

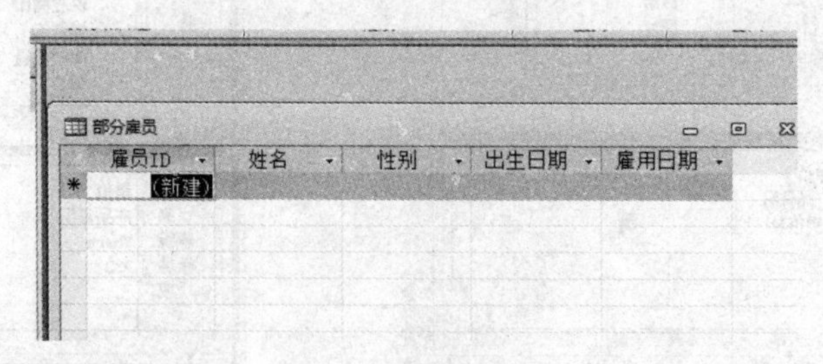

图 7.5 生成空表结果

（6）打开查询设计视图，添加“雇员”表。依次添加字段：“雇员 ID”、“姓名”、“性别”、“出生日期”、“雇用日期”。

（7）单击查询工具中的“追加”按钮，在“追加”对话框的“追加到表名称”下拉列表中选择“部分雇员”，单击“确定”按钮。这时“追加到”行依次出现“部分雇员”表中相应字段：“雇员 ID”、“姓名”、“性别”、“出生日期”、“雇用日期”。

（8）在“职务”字段的“条件”单元格中输入表达式：[何种职务]，设计视图如图 7.6 所示。

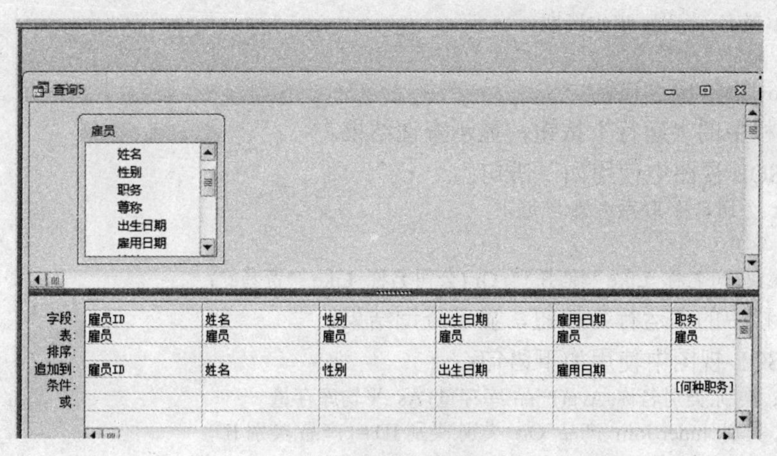

图 7.6 追加查询设计视图

（9）保存查询为“追加部分雇员”，并执行该查询。

（10）在弹出的如图 7.7 所示的“输入参数值”对话框中输入“销售代表”，单击“确定”按钮，出现如图 7.8 所示的提示信息，查询运行结果如图 7.9 所示。

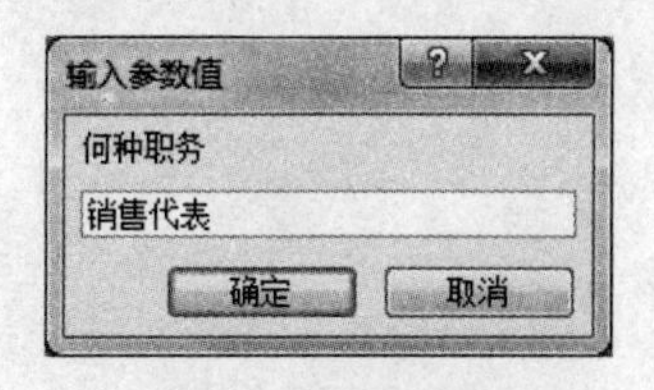

图 7.7 输入参数值

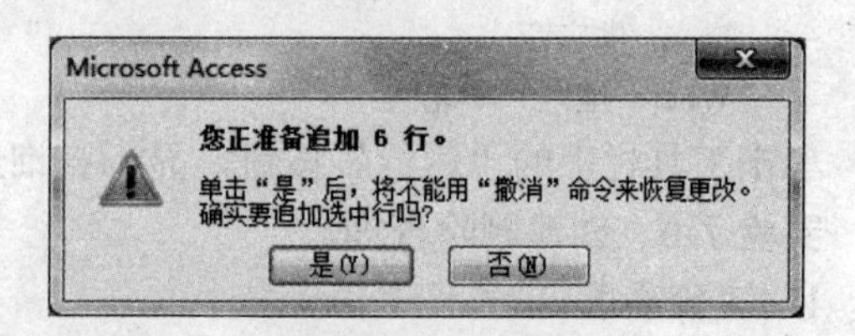

图 7.8 追加提示信息

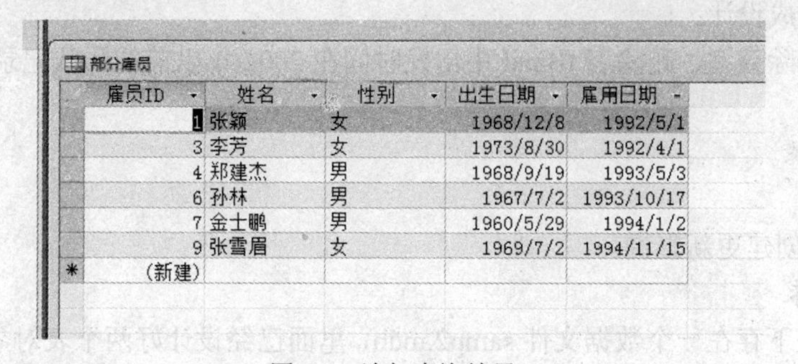
部分雇员

雇员ID	姓名	性别	出生日期	雇用日期
1	张颖	女	1968/12/8	1992/5/1
3	李芳	女	1973/8/30	1992/4/1
4	郑建杰	男	1968/9/19	1993/5/3
6	孙林	男	1967/7/2	1993/10/17
7	金士鹏	男	1960/5/29	1994/1/2
9	张雪眉	女	1969/7/2	1994/11/15
(新建)				

图 7.9 追加查询结果

实验 7-4 创建 SQL 查询。

1. 实验要求

在“罗斯文”数据库中，使用 SQL 语句完成以下查询。

（1）从“雇员”表中查找职务为“销售代表”的雇员姓名、性别和出生日期。

（2）从“客户”表中查找公司名称中有“信托”或“贸易”的公司名称、联系人姓名和所在城市。

（3）从“类别”和“产品”表中查找每类产品的平均库存量，并按“类别 ID”升序输出。

（4）查询所有“华北地区”的供应商的公司名称、所在城市、地址。

2. 操作步骤

（1）在 SQL 视图中使用如下语句：

```
Select 姓名, 性别, 出生日期
From 雇员
Where 职务="销售代表"
```

单击工具栏中的“运行”按钮，显示查询结果。

（2）在 SQL 视图中使用如下语句：

```
Select 公司名称,联系人姓名,城市
From 客户
Where (公司名称 Like "*信托*") Or (公司名称 Like "*贸易*")
```

单击工具栏中的“运行”按钮，显示查询结果。

（3）在 SQL 视图中使用如下语句：

```
Select 类别.类别名称, Avg(产品.库存量) As 平均库存量
From 类别 Inner Join 产品 On 类别.类别 ID = 产品.类别 ID
Group By 类别.类别名称
Order By 类别.类别名称;
```

单击工具栏中的“运行”按钮，显示查询结果。

（4）在 SQL 视图中使用如下语句：

```
Select 公司名称,地区,城市,地址
From 供应商
Where 地区="华北"
```

单击工具栏中的“运行”按钮，显示查询结果。

实验 7-5 创建删除查询。

1. 实验要求

考生文件夹下存在一个数据文件 samp2.mdb，里面已经设计好两个表对象 tBand 和 tLine。试按以下要求完成设计：

创建一个删除查询，删除表 tBand 中出发时间在 2002 年以前的团队记录，所建查询命名为 qT4。

2. 操作步骤

读者自定。

实验 7-6 创建更新查询。

1. 实验要求

考生文件夹下存在一个数据文件 samp2.mdb，里面已经设计好两个表对象 tBand 和 tLine。试按以下要求完成设计：

创建一个更新查询，把“费用”中的所有数据增加 10%。

2. 操作步骤

读者自定。

实验 7-7 创建 SQL 查询。

1. 实验要求

用 SQL 查询实现实验 6-4、6-5、6-6、7-5、7-6 的查询效果。

2. 操作步骤

读者自定。

实验 8　窗体设计（一）

一、实验目的

1. 掌握窗体的向导生成方法。
2. 能够根据具体要求，选择合适的窗体创建方法。
3. 掌握设计视图中修改窗体的方法。
4. 掌握各种控件的创建方法。
5. 掌握窗体及控件属性的设置。

二、实验内容

实验 8-1　建立纵栏式窗体。

1. 实验要求

建立一个“雇员信息”窗体，如图 8.1 所示。数据源为“雇员”表，窗体标题为“雇员信息”，要求地区的信息利用组合框控件输入或选择。然后通过窗体添加两条新记录，内容自行确定。

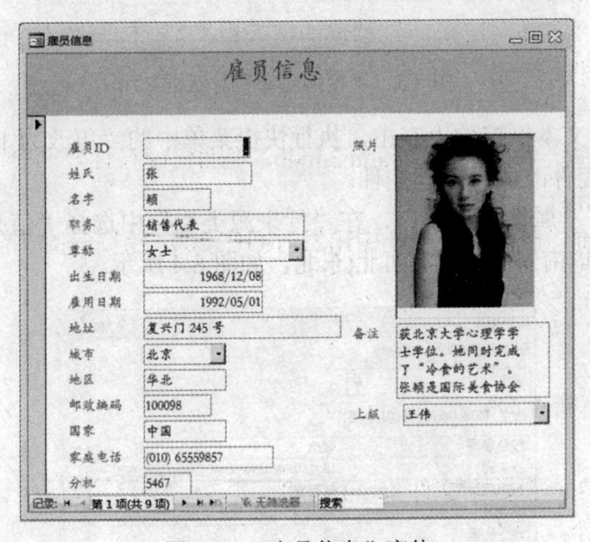

图 8.1　“雇员信息”窗体

2. 操作步骤

（1）打开“罗斯文”数据库。单击“创建”菜单，选择窗体向导按钮，单击，在如图 8.2 中选“雇员”表和全部字段。单击“下一步”，选纵栏表，如图 8.3 所示，再单击“下一步”，选窗体标题为“雇员信息”，单击“完成”。

（2）再利用窗体的设计视图，对创建的“雇员”窗体进行修饰。包括：

① 调整控件的布局。

② 打开窗体的“属性”窗口，设置相关属性。

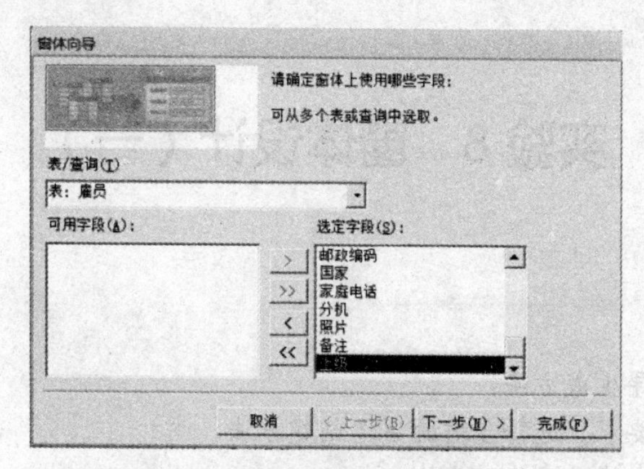

图 8.2 “窗体向导”对话框一

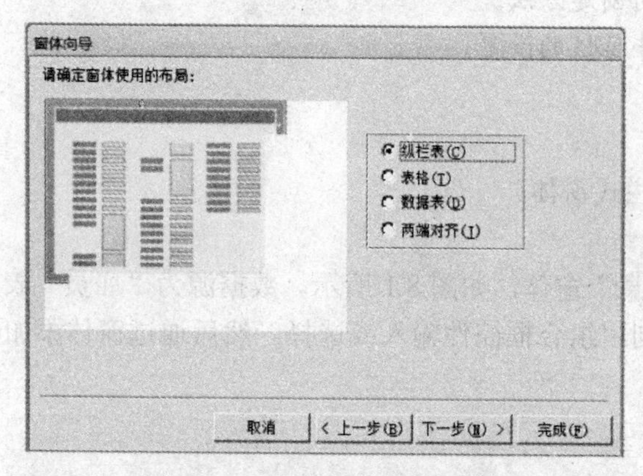

图 8.3 “窗体向导”对话框二

（3）在“地区”文本框控件上右击，执行快捷菜单中的“更改为 | 组合框”菜单命令，将“地区”的文本框控件改成组合框控件。

（4）打开组合框“属性”表窗口，在“行来源类型”中选择“值列表”，在“行来源”中输入表达式：华北;华南;华中;西南;西北;东北，如图 8.4 所示。

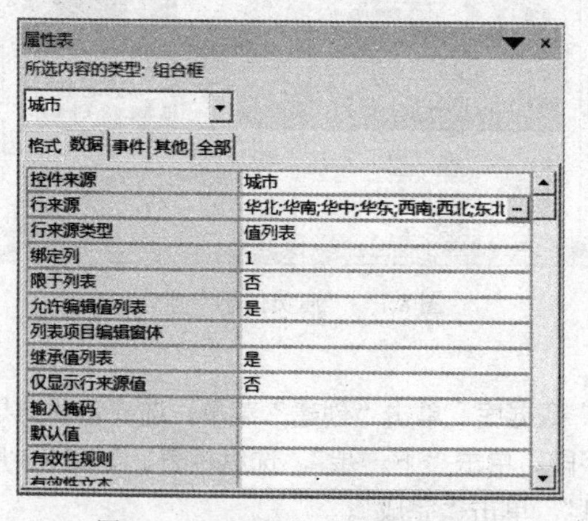

图 8.4 “地区”组合框属性设置

（5）保存。

实验 8-2 建立表格式窗体。

1. 实验要求

建立一个“产品信息”窗体，如图 8.5 所示。数据源为“产品”表，窗体标题为“产品信息”，供应商和类别的信息利用组合框控件输入或选择，要求显示系统当前的日期，并统计产品种类数。

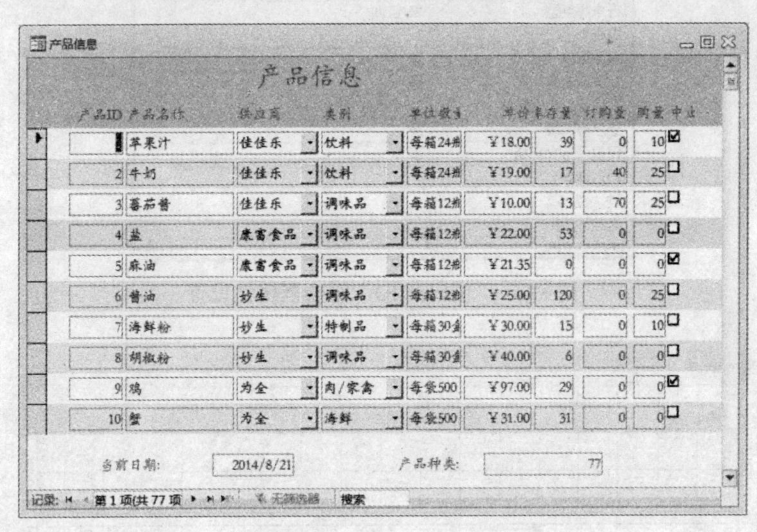

图 8.5　“产品信息”窗体

2. 操作步骤

（1）利用窗体向导的方式创建表格式窗体，数据源为“产品”，选窗体布局为表格，窗体标题为“产品信息”，操作过程同实验 8-1。

（2）再利用窗体的设计视图，对创建的窗体框架进行修饰。

（3）在“供应商 ID”文本框控件上右击，执行快捷菜单中的“更改为|组合框”菜单命令，将“供应商”的文本框控件改成组合框控件（如在“产品”表设计中“供应商 ID”字段的查阅项中的显示控件已设为组合框，此时供应商 ID 为组合框，不用转换），供应商 ID 标签改供应商。

（4）打开组合框“属性”窗口，如果采用“值列表”的方式来设置（如实验 8-1），显然行来源上的输入量会很大，另外选择的字段和实际绑定字段是不同的，用实验 8-1 方法实现不了，这里介绍另外一种方式。在“行来源类型”中选择“表/查询”，单击“行来源”右侧的“…”按钮，弹出查询生成器。

（5）在查询生成器中添加“供应商”表中的“供应商 ID”，“供应商”字段，关闭查询生成器，在“行来源”上将出现相应的 SQL 语句：Select 供应商 ID,供应商 From 供应商，如图 8.6 所示，在供应商 ID 组合框的格式属性中，设置列数为 2，列宽为 3。

同样按（3）～（5）步骤完成类别 ID 字段更改。

（6）在窗体的设计视图的“窗体页脚”栏，添加两个文本框控件，附加标签标题分别为“当前日期”和“产品种类”。

① 将第 1 个文本框控件的“控件来源”属性设置为“=Date()”。

② 将第 2 个文本框控件的“控件来源”属性设置为“=Count([产品 ID])”。

窗体的设计视图如图 8.7 所示。

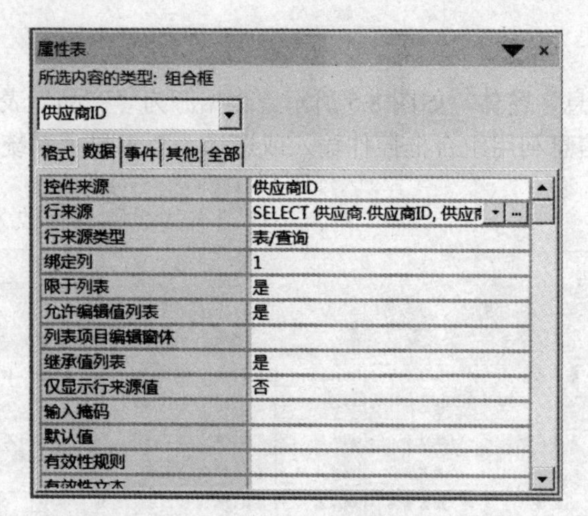

图 8.6 “供应商 ID”组合框属性设置

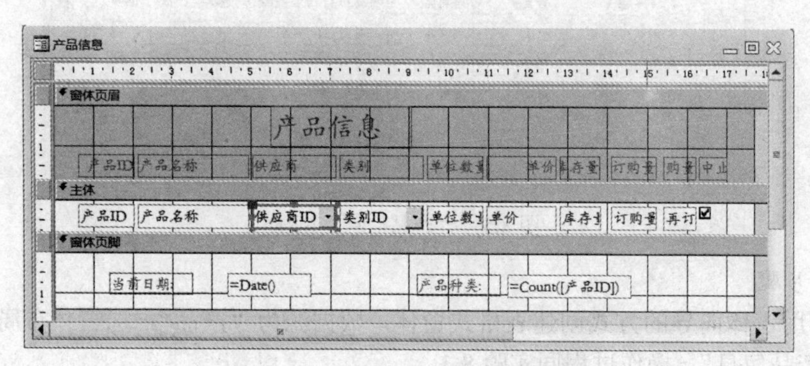

图 8.7 “产品信息”窗体设计视图

（7）保存窗体。

实验 8-3 建立带有“选项卡控件”的窗体。

1. 实验要求

利用设计视图创建一个名称为“信息浏览窗体”，在该窗体中有 3 个选项卡控件，标题分别为“雇员”、“客户”、“运货商”，单击这 3 个选项卡控件可以浏览相应的信息，如图 8.8 所示。

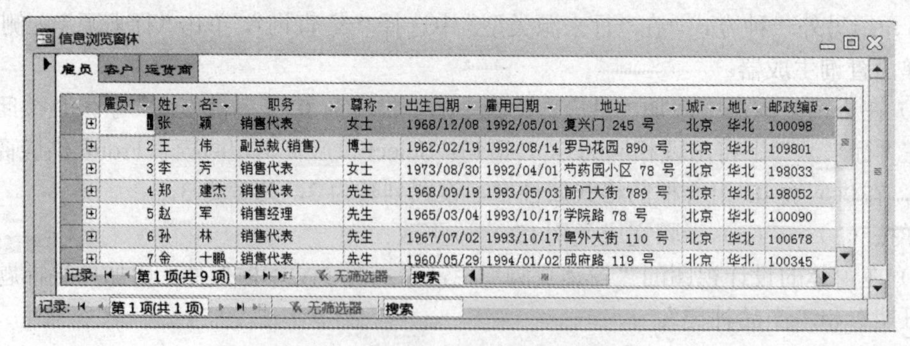

图 8.8 “信息浏览窗体”设计结果

2. 操作步骤

（1）单击“创建”菜单，单击“窗体设计”按钮，单击“保存”按钮，在“另存为”对话框中输入窗体名称：信息浏览窗体，单击“确定”按钮。

（2）单击窗体设计工具下的设计项，从“设计工具箱”选中“选项卡控件”，移动鼠标指针在窗体适当的位置单击，产生只有 2 页的选项卡。

（3）右击选项卡页码处，在弹出的快捷菜单中选择“插入页”，如图 8.9 所示。

（4）打开各页选项卡的属性对话框，将每个选项卡的名称分别改为“雇员”、“客户”、“运货商”，如图 8.10 所示。

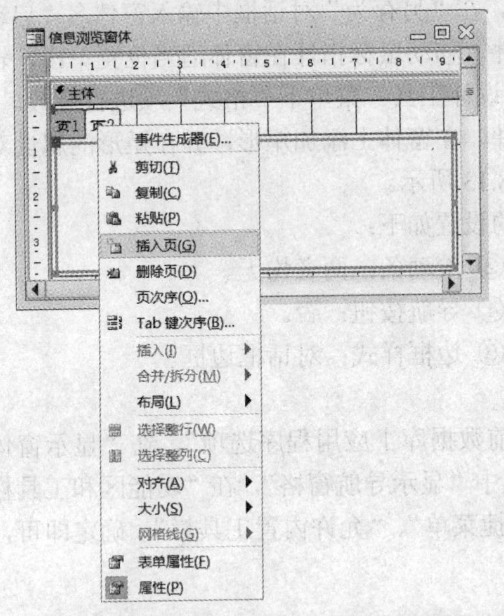

图 8.9　“选项卡控件”插入新页

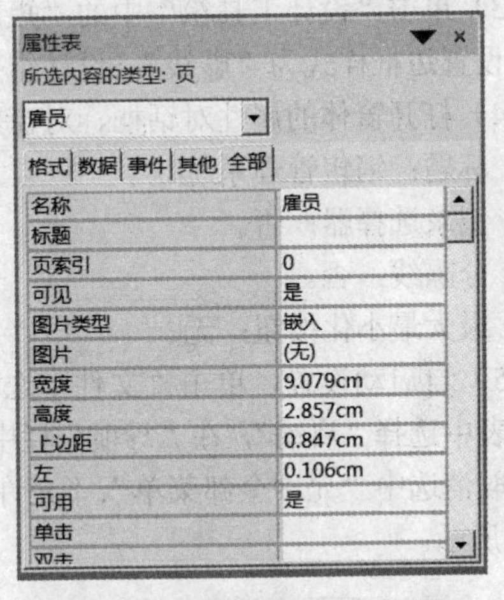

图 8.10　设置选项卡的页标题

（5）选中“雇员”页，从“工具箱”选中“子窗体/子报表”控件（关闭“控件向导”按钮），移动鼠标指针在页面适当位置单击，产生名为 Child4 的子窗体框架，如图 8.11 所示。

（6）去掉子窗体 Child4 的附加标签，打开子窗体的属性对话框，在“源对象”属性的下拉列表中选择“表.雇员”，如图 8.12 所示。用同样的方法为其他 2 个选项卡添加“子窗体/子报表”控件，并设置源对象。

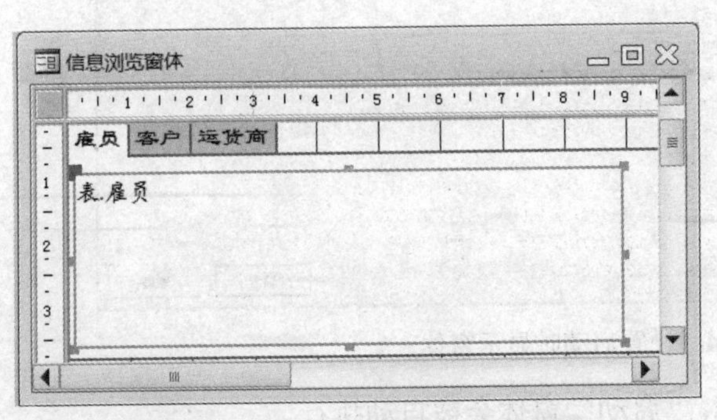

图 8.11　插入“子窗体/子报表”控件

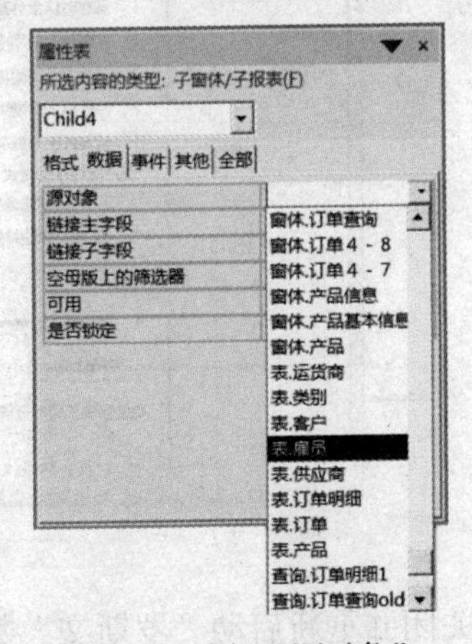

图 8.12　选择“源对象”

（7）调整窗体、选项卡的大小、位置以便实用、美观，结果如图 8.8 所示。

实验 8-4　建立启动窗体。

1. 实验要求

创建一个名为“启动”的窗体，要求一启动该数据库，就直接进入该窗体。如图 8.13 所示。

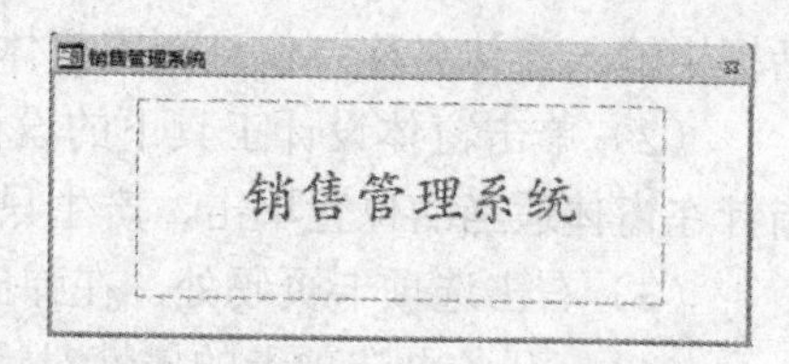

图 8.13　“启动”窗体设计结果

2. 操作步骤

（1）单击“创建”菜单下的“窗体设计”按钮，在设计视图下建立了一窗体，单击“保存”按钮，在“另存为”对话框中输入窗体名“启动”。

（2）从“设计工具箱”中选中“标签”控件，移动鼠标指针在窗体适当位置单击，输入“销售管理系统”文字后产生标签，通过“窗体设计工具”菜单下“格式”项进行修改。

（3）单击“设计工具箱”中的“矩形”控件，在窗体上添加矩形，并在矩形的属性对话框中，设置边框样式为“虚线”，设计结果如图 8.13 所示。

（4）打开窗体的属性对话框，对窗体属性的设置如下：

① 标题：销售管理系统。　② 滚动条：两者均无。

③ 记录选择器：否。　④ 导航按钮：否。

⑤ 分隔线：否。　⑥ 边框样式：对话框边框。

⑦ 最大最小化按钮：无。

（5）自启动设置，单击“文件｜选项｜当前数据库｜应用程序选项”，在“显示窗体”下拉列表中选择“启动”，在“导航”栏中取消选中“显示导航窗格”，在“功能区和工具栏选项”中取消选中“允许全部菜单”、“允许默许快捷菜单”、“允许内置工具栏”，确定即可，如图 8.14 所示。

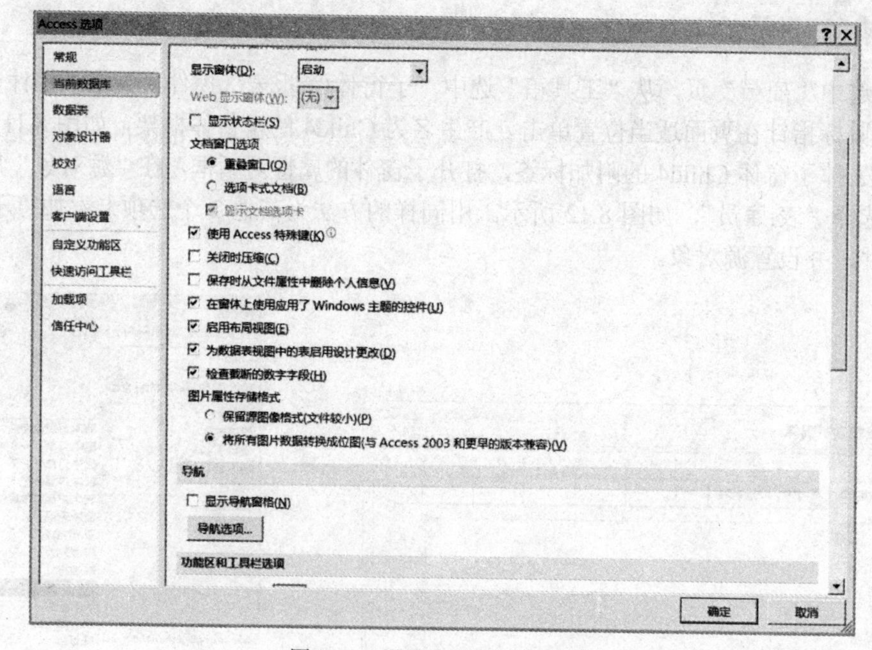

图 8.14　设置启动时显示窗体

关闭并重新启动“罗斯文”数据库，“启动”窗体会被自动执行。

如要恢复到原始状态，按住 Shift 键不放，同时双击打开此数据库。这时进入的是设计状态，再单击“文件”菜单项的“选项”下各选项还原即可。

实验 8-5　创建“学生基本信息”窗体。

1．实验要求

在 C:\WINKS 目录下已建数据库文件 samp2.mdb 数据库，里面已经设计好窗体对象 fs，完成下面操作。

（1）在窗体的窗体页眉节区位置添加一个标签控件，其名称为 bTitle，标题显示为“学生基本信息输出”。

（2）将主体节区中的性别标签右侧的文本框显示内容设置为“性别”字段值，并将文本框名称更名为 tSex。

（3）在主体节区添加一个标签控件，该控件放在距左边 0.2 厘米、距上边 3.8 厘米，标签显示内容为“简历”，名称为 bMen。

（4）在窗体页脚区位置添加两个命令按钮，分别命名为 bOk 和 bQuit，按钮标题分别为“确定”和“退出”。

（5）将窗体标题设置为“学生基本信息”。

2．操作步骤

读者自定。

实验 8-6　创建“员工信息输出”窗体。

1．实验要求

在 C:\WINKS 目录下已建数据库文件 samp3.mdb 数据库，里面已经设计好窗体对象 fStaff，试按要求完成下面的操作。

（1）在窗体的窗体页眉节区置添加一个标签控件，其名称为 bTitle，标题显示为“员工信息输出”。

（2）在主体节区位置添加一个选项组控件，将其命名为 opt，选项组标签显示内容为“性别”，名称为 bopt。

（3）在选项组内放置两个选项按钮控件，选项按钮分别命名为 opt1 和 opt2，选项按钮标签显示内容分别为“男”和“女”，名称分别为 bopt1 和 bopt2。

（4）在窗体页脚节节区位置添加两个命令按钮，分别命名为 bOk 和 bQuit，按钮标题分别为“确定”和“退出”。

（5）将窗体标题设置为“员工信息输出”。

设计好的窗体如图 8.15 所示。

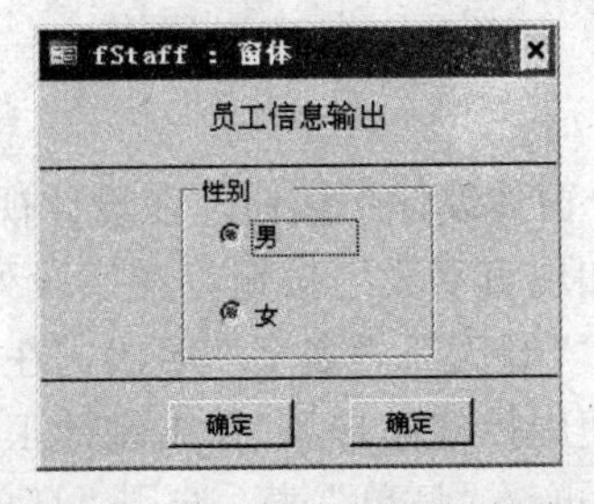

图 8.15　设计好的窗体

2．操作步骤

读者自定。

实验9 窗体设计（二）

一、实验目的

1. 掌握主子窗体的创建方法。
2. 掌握查询窗体的创建方法。
2. 掌握用设计视图创建窗体的方法。
3. 了解命令按钮能够实现的功能，并掌握使用控件向导创建命令按钮的方法。

二、实验内容

实验 9-1 建立主子窗体。

1. 实验要求

做一带有子窗体的主窗体，窗体名称为“订单浏览”。该窗体能按雇员进行所完成的订单浏览，并可以计算此位雇员完成的订单数量，如图 9.1 所示。

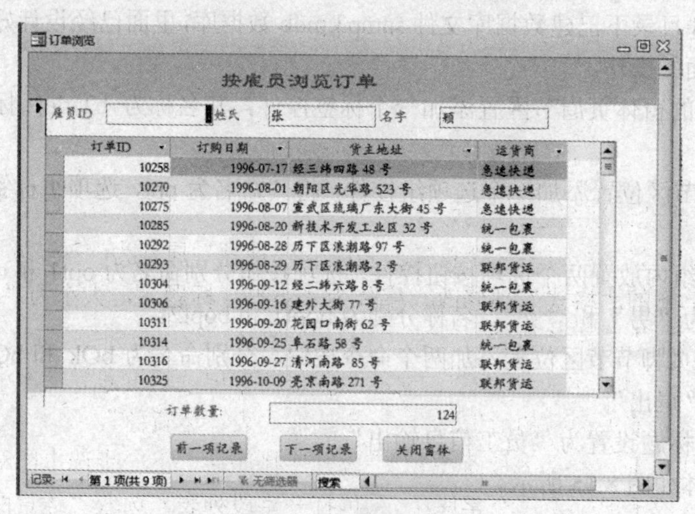

图 9.1 订单浏览窗体

2. 操作步骤

（1）单击“创建”菜单下“窗体设计”按钮，在设计视图状态下建立了一窗体。

（2）单击工具栏上的“添加现有字段”按钮，在字段列表项中选“显示所有表”，再单击“雇员”表，双击“雇员 ID”、“姓氏”、“名字”字段，在设计视图中添加了此 3 个字段。

（3）打开设计工具栏中“使用控件向导”，单击设计工具栏中的子窗体按钮，在设计向导中选用“使用现有表和查询”；再选“订单”表，选用“订单 ID”、“雇员 ID”、“订购日期”、“运货商”、“货主地区”字段，如图 9.2 所示；在子窗体和主窗体的连接项中选“自行定义”，再确定“雇员 ID”为主窗体和子窗体的连接字段，如图 9.3 所示；在设计视图中插入“订单”子窗体。

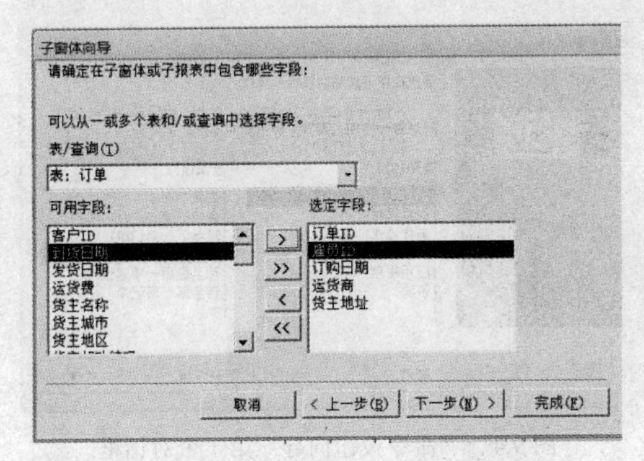

图 9.2　“子窗体向导”对话框

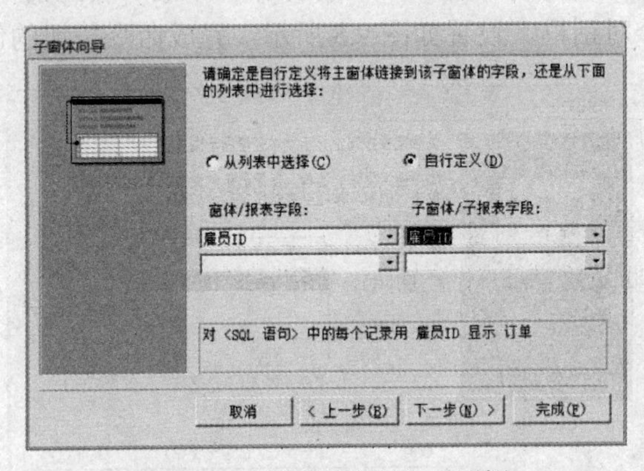

图 9.3　“子窗体向导”对话框

（4）打开窗体设计视图进行修改。

① 在“窗体页眉”中添加 1 个标签，设置其“标题”属性为“按雇员浏览订单”，使用窗体设计工具菜单下的“格式”项修改，字体为“隶书（标题）”，大小为“18”；调整“雇员 ID”、“姓氏”、“名字”字段的位置。

② 在子窗体中，删除雇员 ID 项；删除“运货商”项，通过向导插入组合框，首先选取“使用综合框查阅表或查询中的值”，再下一步选取“表：运货商”，下一步选“运货商 ID”、“公司名称”字段，下一步“运货商 ID”字段升序排序后，下一步选上隐藏键列，再一步对话框中选取“将该数值保存在这个字段中”；再打开字段列表，选取“运货商 ID”，下一步中将标签指定为“运货商”。

展开子窗体的页脚，并添加一个文本框 Text8，将文本框控件的“控件来源”属性设置为“=count([订单 ID])”。

③ 在主窗体页脚的适当位置添加一个文本框 Text9，修改其附加标签为“订单数量”，再在该文本框的“控件来源”属性右边单击…号按钮，打开表达式生成器，选订单浏览窗体项下“订单 子窗体”下的 Text8，即完成此项设置为“=[订单 子窗体].Form!Text8”。

引用子窗体中文本框的格式为：[子窗体名称].[Form]![子窗体文本框名称]或[子窗体名称].[Form].[子窗体文本框名称]。

（5）确保工具箱中“控件向导”是激活状态，然后单击“命令按钮”控件，并在窗体主体节的下方区域放置一个命令按钮，此时出现命令按钮向导对话框，如图 9.4 所示。

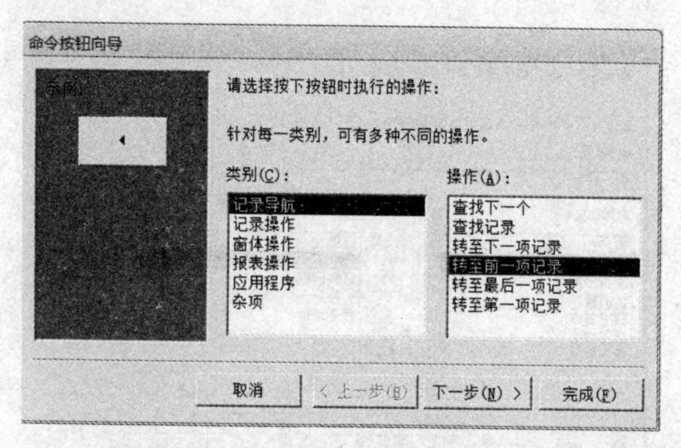

图 9.4 “命令按钮向导”第 1 个对话框

（6）选择“类别”中的“记录导航”和“操作”中的“转至前一项记录”，单击“下一步”，出现向导的第 2 个对话框，设置如图 9.5 所示，完成命令按钮的创建。

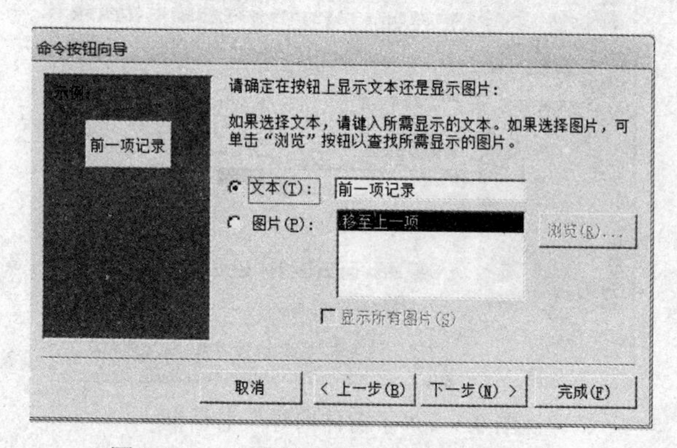

图 9.5 “命令按钮向导”第 2 个对话框

（7）用同样的方法完成另外 2 个命令按钮“下一项记录”和“关闭窗体”的创建。至此“订单浏览窗体”基本完成，其设计视图如图 9.6 所示。

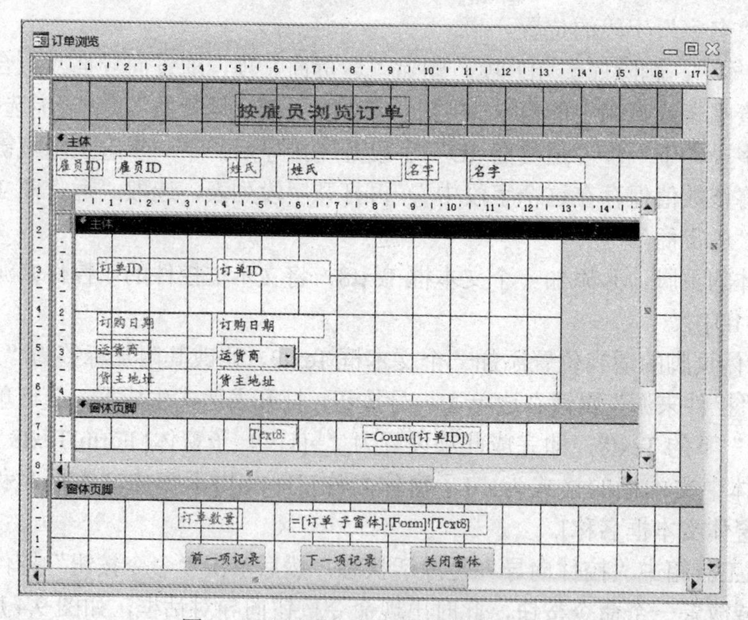

图 9.6 “浏览订单”的窗体设计视图

（8）设置窗体的多项“格式”属性：使窗体无最大、最小化按钮，无滚动条，无导航按钮等。完成后的窗体如图 9.1 所示。

实验 9-2 建立查询窗体。

1. 实验要求

在“罗斯文”数据库中创建“按时间查询订单”窗体和“订单查询结果”窗体，能对用户输入的起止时间检索，以显示其所有订单。

2. 操作步骤

（1）通过“创建”菜单下的“窗体设计”按钮，创建一个窗体，建立 2 个文本框和 1 个标签。文本框控件属性设置如表 9.1 所示，命名保存为“按时间查询订单”并退出，窗体视图如图 9.7 所示。

表 9.1 控件属性设置

文本框对应标签标题	文本框控件名称
起始时间:	Text1
终止时间:	Text2

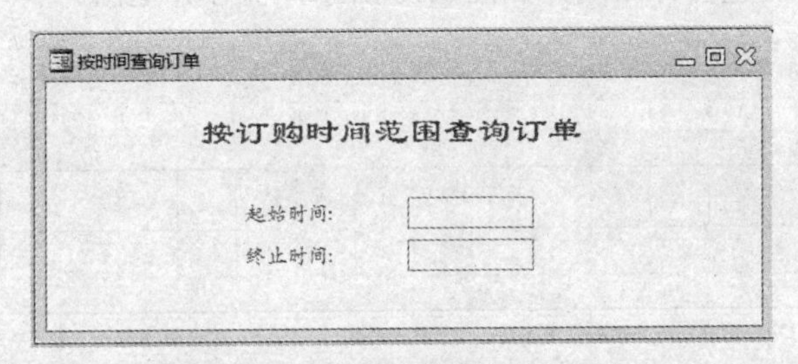

图 9.7 “按时间查询订单”窗体

（2）单击“创建”菜单下的“查询设计”按钮，打开查询设计视图，创建“按时间查询订单”的查询，如图 9.8 所示。

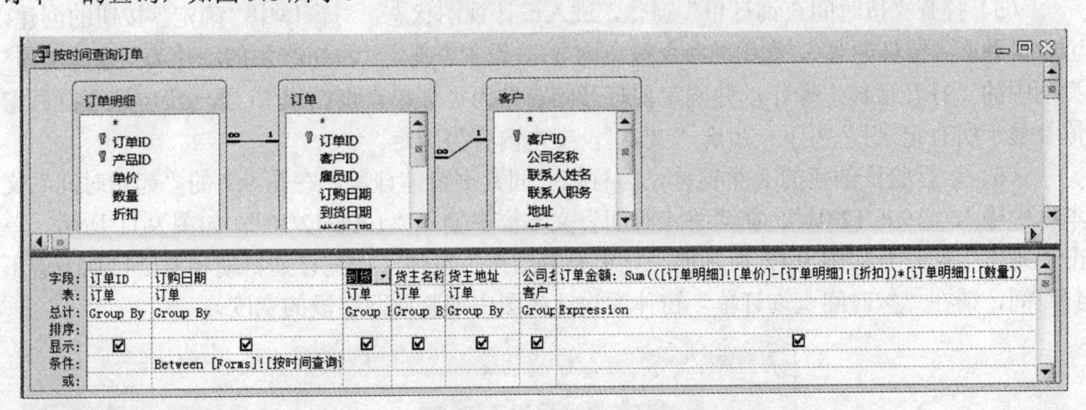

图 9.8 “按时间查询订单”的查询设计视图

新建查询字段订单金额，在查询设计视图右边空白单元格中右击，选生成器，在表达式生成器窗口中结合操作输入：订单金额:Sum(([订单明细]![单价]-[订单明细]![折扣])*[订单明细]![数量])，确定后再在查询设计视图空白位置右击，选“总计”，出现“总计”项后，将“订单金额”字段下“总计项”的 Group By(分组)改为 Expression(表达式)。

在“订购时间”字段的“条件”单元格输入表达式：Between [Forms]![按时间查询订单]![Text1] And [Forms]![按时间查询订单]![Text2]。

保存查询名为“按时间查询订单”并退出。

（3）使用“窗体向导”创建一个表格式窗体，选择记录源为“按时间查询订单”的查询，命名保存为“订单查询结果”。窗体的设计视图如图 9.9 所示。

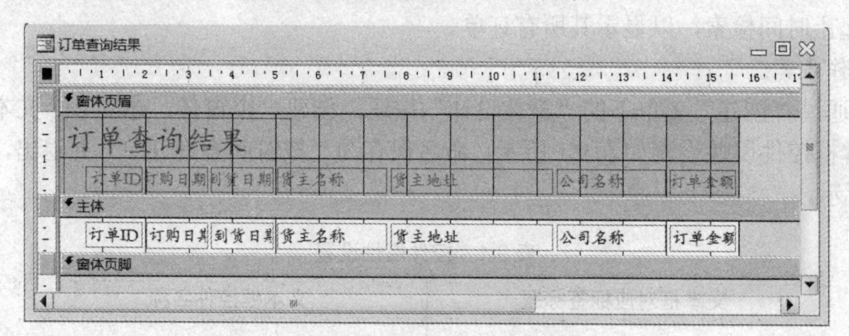

图 9.9　“订单查询结果”窗体的设计视图

（4）适当修饰和调整窗体布局，如图 9.10 所示，保存并退出。

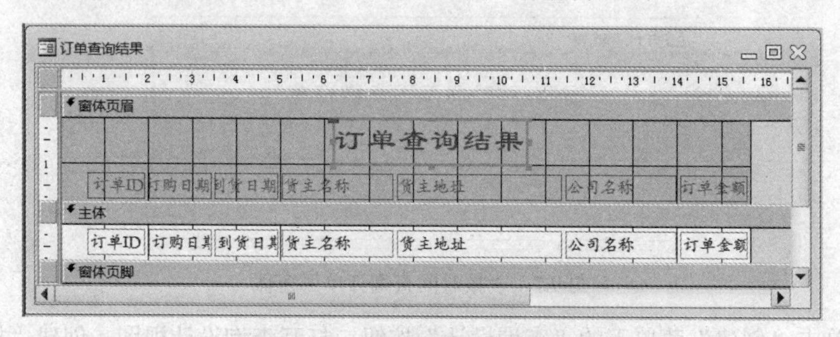

图 9.10　调整后窗体的设计视图

（5）打开“按时间查询订单”窗体，进入设计视图状态，对窗体中“确定”按钮的创建，可以借助于“控件向导”。利用“命令按钮向导”，设置“确定”按钮产生的动作为“窗体操作”类别中的“打开窗体”操作，并确定要打开的窗体为“订单查询结果”，下一步中选“打开窗体并显示所有记录”，再下一步选“文本”，文本内容为确定。

（6）运行验证创建的 2 个窗体，运行按时间查询窗体订单，在图 9.7 的“起始时间”文本框中输入“1996/12/01”，在“终止时间”文本框中输入“1996/12/30”，如图 9.11 所示；单击“确定”即打开如图 9.12 所示的“订单查询结果”窗体（如在订购日期和发货日期下看不到时间，请在“按时间查询订单”窗体的设计视图中调整此两字段的宽度）。

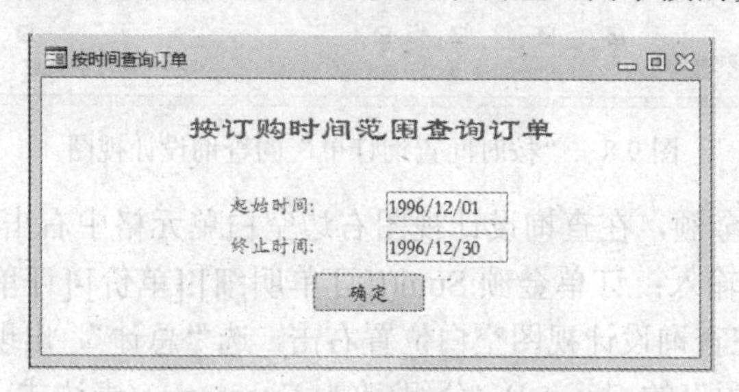

图 9.11　验证数据输入窗体

订单查询结果

订单ID	订购日期	到货日期	货主名称	货主地址	公司名称	订单金额
10369	1996-12-02	1996-12-30	唐小姐	新技术开发区 43 号	昇昕股份有限公	¥2,522.70
10370	1996-12-03	1996-12-31	林小姐	志新路 37 号	浩天旅行社	¥1,168.75
10371	1996-12-03	1996-12-31	苏先生	志明东路 84 号	池春建设	¥90.00
10372	1996-12-04	1997-01-01	方先生	明正东街 12 号	留学服务中心	######
10373	1996-12-05	1997-01-02	周先生	高新技术开发区 3 号	师大贸易	¥1,682.00
10374	1996-12-05	1997-01-02	吴小姐	津东路 19 号	汉典电机	¥459.00
10375	1996-12-06	1997-01-03	徐先生	吴越大街 35 号	五金机械	¥338.00
10376	1996-12-09	1997-01-06	刘维国	新技术开发区 36 号	华科	¥417.90
10377	1996-12-09	1997-01-06	戚先生	崇明路 9 号	艾德高科技	¥1,010.00

记录: 第 1 项(共 30 项　无筛选器　搜索

图 9.12　验证数据输入后的订单查询结果窗体

实验 9-3　建立“考试等级”窗体。

1．实验要求

文件的默认存取路径为 C:\WINKS。打开 db4.mdb 数据库，在 db4.mdb 数据库中有“学生成绩表”和“考试等级”表，完成以下操作：

（1）以“学生成绩表”为数据源，创建名称为“查询 1”的查询，实现查询每个学生的总分和平均分，结果显示“学生姓名”、“总分”和“平均分”字段。

（2）创建带有子窗体名称为“考试等级”的窗体。主窗体数据源为“考试等级”表，子窗体数据源为“学生成绩表”。主窗体显示“考试等级”表的全部字段。子窗体显示“学生成绩表”除了学生 ID、等级 ID 以外的 5 个字段。主窗体和子窗体的样式均为砂岩。设置子窗体的宽度为 10 厘米。窗体结果如图 9.13 所示。

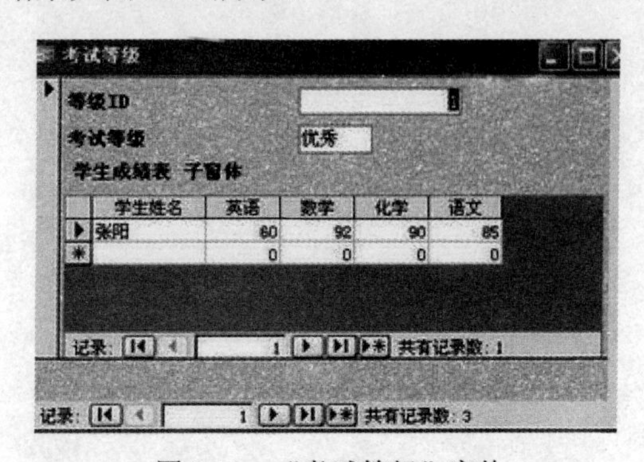

图 9.13　“考试等级”窗体

2．操作步骤

读者自定。

实验 9-4　建立窗体。

1．实验要求

在 C:\WINKS 目录下已建数据库文件“图书馆.mdb”，有“读者信息表”和“借阅信息表”。要求：

（1）创建“读者信息表”与“借阅信息表”之间的一对多的关系，并实施参照完整性。

（2）创建名为“罚款金额”的查询，要求显示所有超期未还的图书借阅信息，并添加计算字段“罚款”（以当前时间为准，借书时间超过 90 天的每天每本罚款 0.1 元）。

（3）创建如图 9.14 所示的“按读者编号查询”的窗体，其中“读者编号”的组合框的值来自于“读者信息表”中的“读者编号”字段；查询命令是打开图 9.15 所示的“读者信息表”窗体，并显示与“读者编号”组合框中一致的读者信息。

（4）创建如图 9.15 所示的“读者信息表”窗体。

图 9.14 “按读者编号查询”窗体

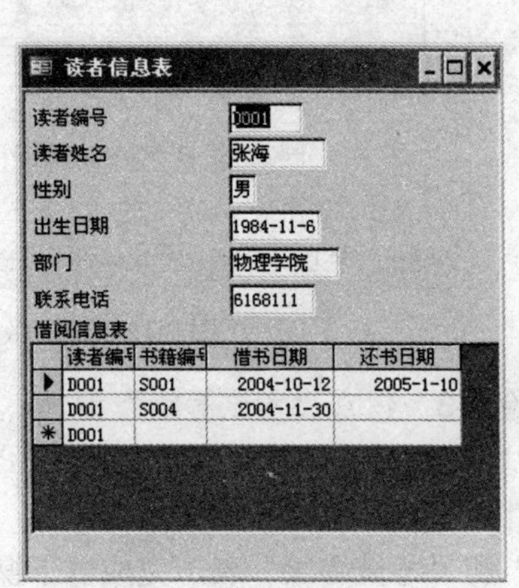

图 9.15 “读者信息表”窗体

2．操作步骤

读者自定。

实验 10　报表设计（一）

一、实验目的

1. 认识报表的纵栏式、表格式等各种布局，正式、紧凑等各种样式。
2. 掌握简单报表的自动生成方法。
3. 掌握使用向导创建来自单个或多个记录源报表的方法。
4. 重点掌握分组报表的原理和设计方法。
5. 掌握使用报表设计器设计修改报表的方法。

二、实验内容

实验 10-1　快速建立报表。

1. 实验要求

利用报表向导建立“客户订单”报表，显示每名客户公司名、联系人姓名、电话；显示订单 ID、订购日期；显示产品名称、单价、订购数量等。

2. 操作步骤

利用报表向导可以创建字段来自多个数据源的报表，也可以指定记录的分组/排序方式、报表格式等。

（1）打开“罗斯文”数据库，选择功能区“创建”选项卡上的“报表”组，单击“报表向导”按钮，打开“报表向导”第 1 个对话框，依次选择“订单”表的“订单 ID”、“订购日期”字段，“订单明细”表的“单价”、“数量”字段，“客户”表“公司名称”、“联系人姓名”、“电话”字段，“产品”表的“产品名称”字段，作为报表窗体中的显示字段，如图 10.1 所示。

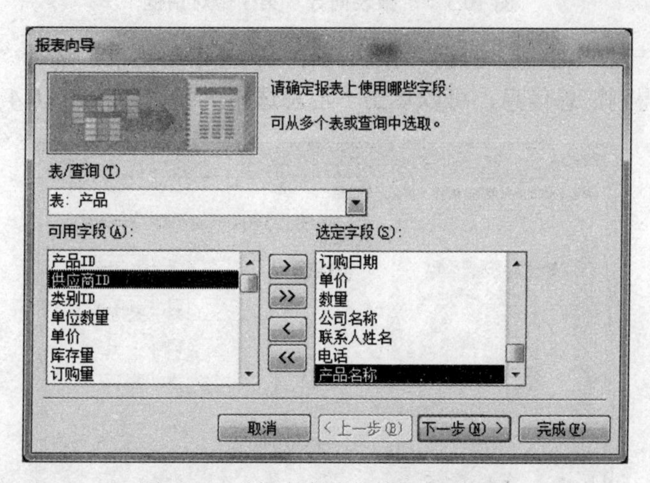

图 10.1　“报表向导”第 1 个对话框

（2）单击“下一步”按钮，打开“报表向导”第 2 个对话框，选择“通过 客户”查看数据的方式，如图 10.2 所示。

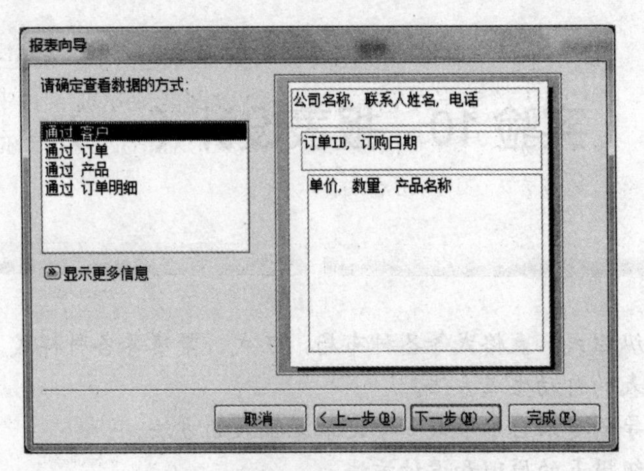

图 10.2 “报表向导”第 2 个对话框

（3）单击“下一步”按钮，打开“报表向导”第 3 个对话框，为报表添加分组级别，这里不选择字段作为报表分组依据，如图 10.3 所示。

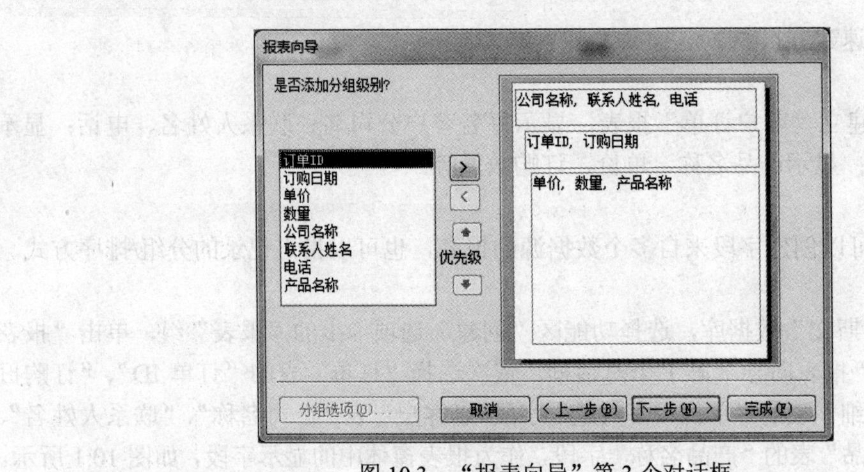

图 10.3 “报表向导”第 3 个对话框

（4）单击“下一步”按钮，打开“报表向导”第 4 个对话框，选择“产品名称”字段的升序排序，如果想得到汇总信息，可以单击“汇总选项”按钮，如图 10.4 所示。

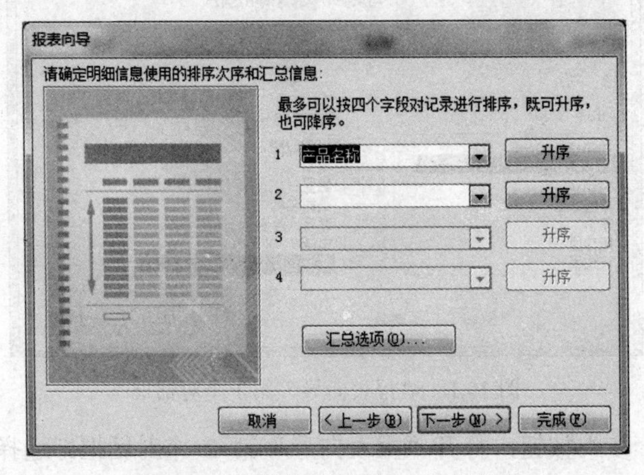

图 10.4 “报表向导”第 4 个对话框

（5）单击“下一步”按钮，打开“报表向导”第 5 个对话框，确定报表的布局方式，布局：块，方向：纵向，选中“调整字段宽度使所有字段都能显示在一页中”，如图 10.5 所示。

（6）单击“下一步”按钮，打开“报表向导”第 6 个对话框，在“标题”对话框输入“客户订单 T10-1”，选择预览报表，如图 10.6 所示。

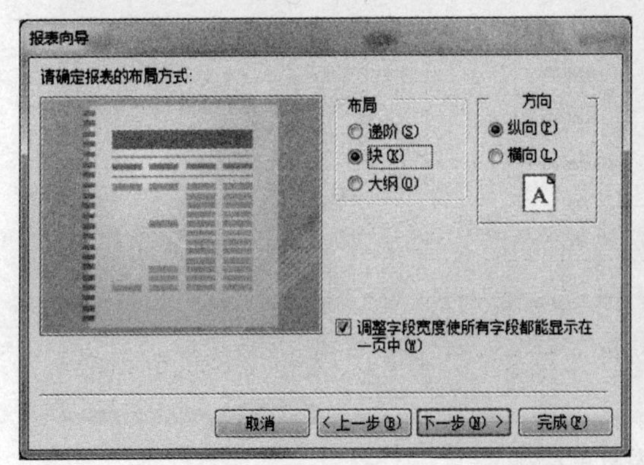

图 10.5　“报表向导”第 5 个对话框

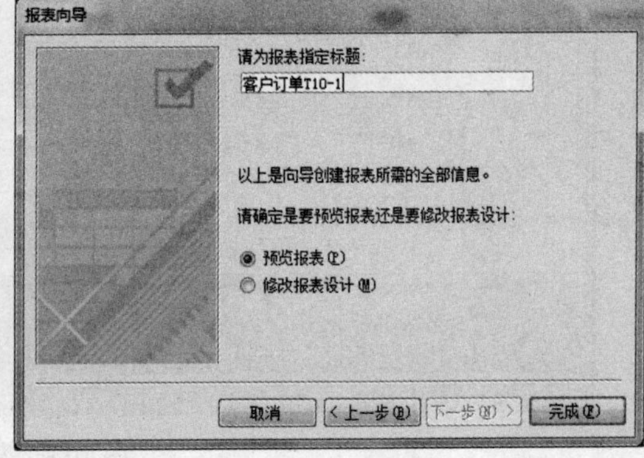

图 10.6　“报表向导”第 6 个对话框

（7）在设计视图中调整控件布局使之更加美观，读者自选操作。

（8）保存报表设计。在打印预览中打开所建报表，如图 10.7 所示。

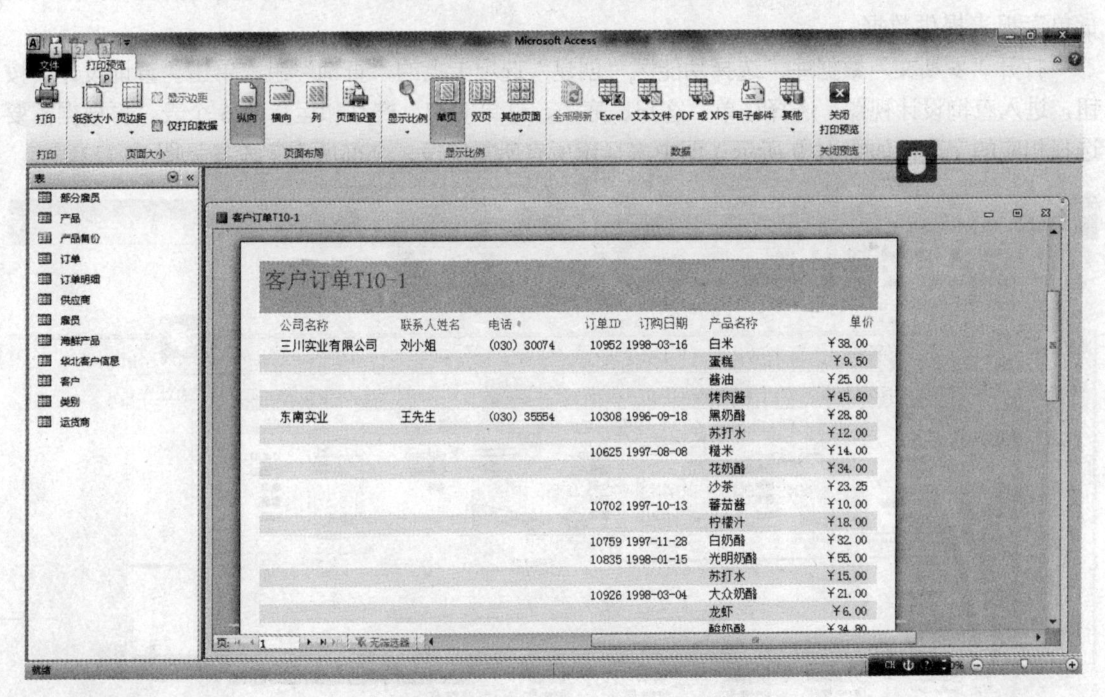

图 10.7　“报表向导”第 7 个对话框

实验 10-2　根据查询结果创建报表。

1. 实验要求

创建“发货单通知”报表，按货主分组生成发货单，并能根据输入的货主，生成该货主的发货单，方便发货管理。报表包含所有订单的发货单信息。每张发货单如图 10.8 所示。

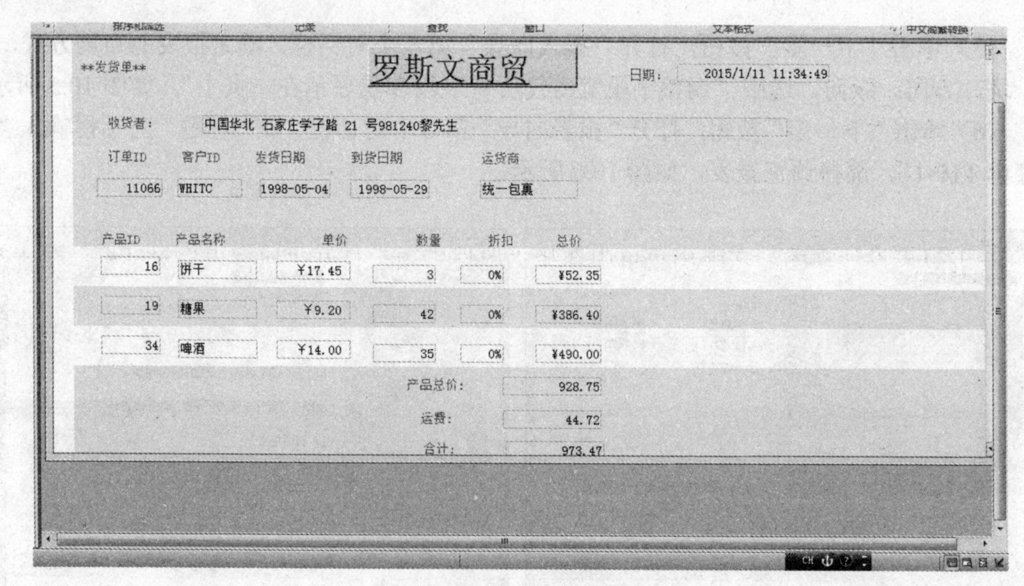

图 10.8 发货单示例

2. 操作步骤

（1）先创建“发货单”查询（发货单-查询 T10-2）。

“发货单”查询详细统计出每个订货单的详细信息，包括订单情况，货主情况等，为“发货单”报表提供数据。

打开“罗斯文”数据库，选择功能区“创建”选项卡上的“查询”组，单击“查询设计”按钮，进入查询设计视图。选择订单、客户、雇员、订单明细、产品和运货商 6 个表，再根据需要选择相应的字段，如图 10.9 所示（图中未显示所有所需字段，全部所需字段参见图 10.12）。

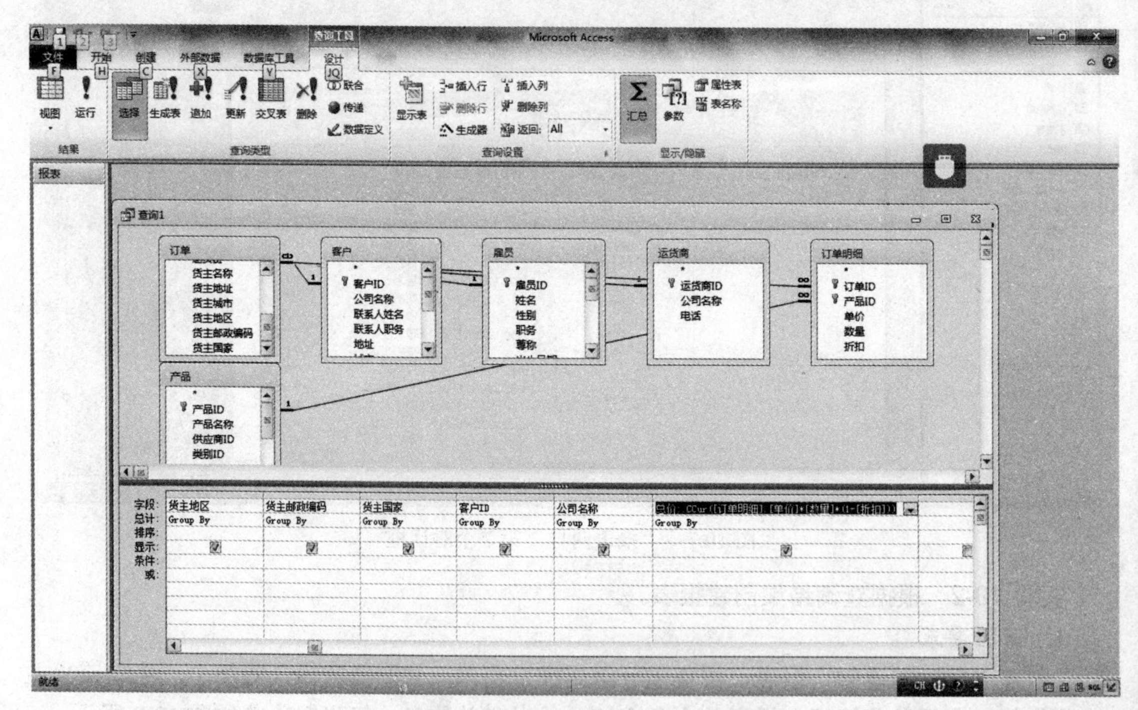

图 10.9 “发货单-查询 T10-2”设计视图

（2）设计“发货单”报表。

“发货单”报表提供在单独的页面打印每张发货单。

1）进入报表设计视图。

选择功能区“创建”选项卡上的“报表”组，单击“报表设计”按钮打开报表设计视图。

2）添加记录源。

右击报表设计视图，在弹出菜单中选择“属性”项，打开“属性表”对话框，在 | 在左上角的报表对象选择下拉列表中选择“报表”，选择“全部”栏，在“记录源”下拉列表中选择“发货单-查询 T10-2”查询。如图 10.10 所示。

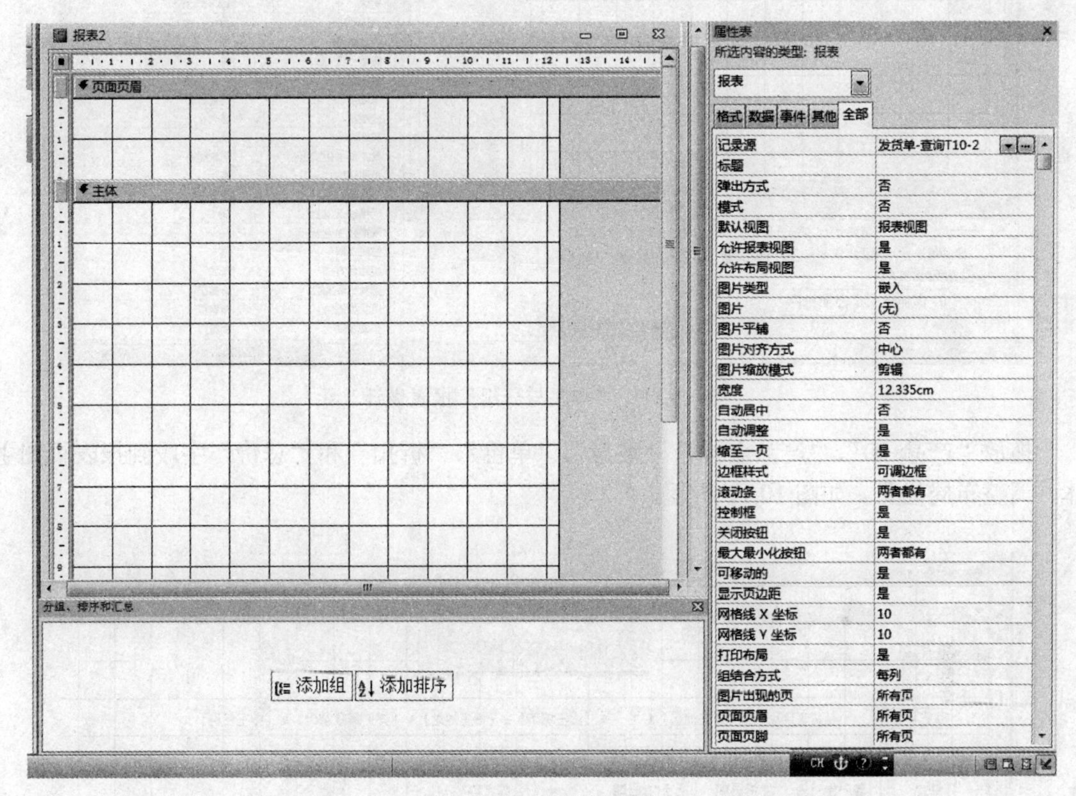

图 10.10　报表设计器

3）添加订单 ID 页眉/页脚。

单击图 10.10 中右下面板中“添加排序”按钮，依次设定按“订单 ID”降序排序、“产品 ID”升序排序。如图 10.11 所示，可见报表设计器增加了“订单 ID 页眉”和“订单 ID 页脚”项。

4）订单 ID 页眉设计和主体设计。

添加标题为“收货者：”标签，再用&连接符连接[货主国家]….&[货主名称]等字段，作为收货者实体。

从工具箱中反复拖放标签形成标题分别为“订单 ID”、“客户 ID”、“发货日期”、“到货日期”、“运货商”的标签。

对应上述标签，从添加字段列表中用拖放方法添加“订单 ID”、“客户 ID”、“发货日期”、“到货日期”、“公司名称”字段。

添加标题为“产品 ID”、“产品名称”、“数量”、“单价”、“折扣”和“总价”标签。

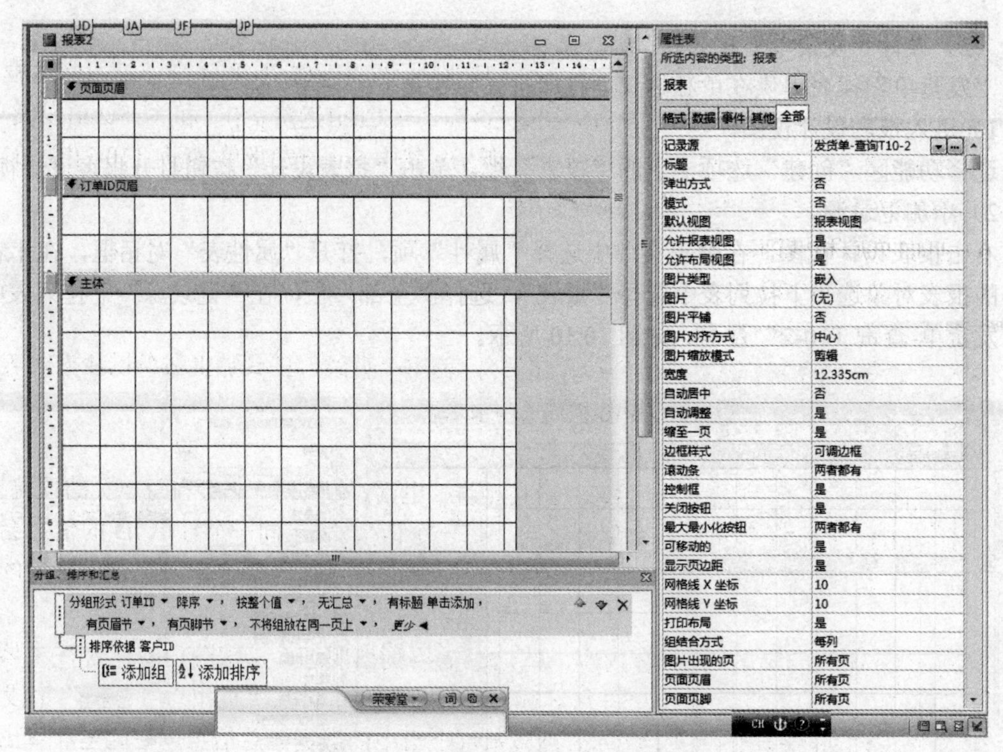

图 10.11 “排序与分组”报表设计

拖放“产品 ID”、“产品名称”、“数量”、“单价”、“折扣”和“总价”字段到报表视图主体。调整布局位置。如图 10.12 所示。

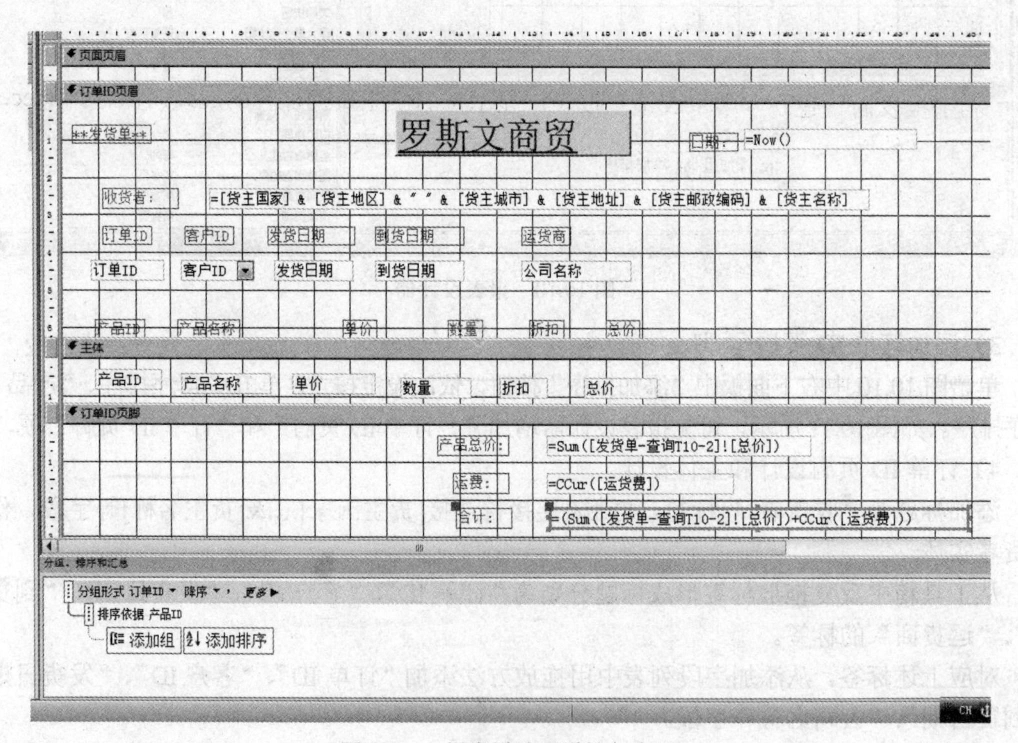

图 10.12 报表设计器设计与布局

5）订单 ID 页脚设计。

添加三个文本框，标签的标题分别为“产品总价：”、“运费：”和“合计：”；文本框的控件来源分别是“=Sum([发货单-查询 T10-2]!总价)”、“=CCur([运货费])”和“=Sum([发货单-查询 T10-2]!总价)+CCur([运货费])”，如图 10.12 所示。其中 Sum([发货单-查询 T10-2]!总价)是求和函数，CCur([运货费])是转换为人民币函数。

6）页面页眉和修饰。

页面页眉如图 10.12 所示。添加标题为“**发货单**”、“罗思文商贸”和“日期:”标签；添加控件来源为“=Now()”文本框。

调整上述控件的文字的“字体”和“字号”，可用“直线”工具加上线条以让报表美观醒目。请为报表指定标题：“发货单 T10-2”保存报表。

打印预览部分结果如图 10.9 所示。

注：页面页眉中还可增加公司 LOG、公司地址、电话、传真等。它会在每一页的顶端显示。

“订单 ID”页眉是组页眉，分组形式为“每一个值”，表示同一个订单 ID 的信息会显示在同一组中，排序次序为降序代表在预览或打印时，最先出来的一份订单是订单号最大的一份订单。

而对于每份订单中产品的具体内容，在这里需要列出明细，这部分内容适合在主体中进行显示，本例中包含“产品 ID”、“产品名称”、“数量”、“单价”、“折扣”、“总价”字段。

“订单 ID”页脚为组页脚，这里适合显示每个组中的数据汇总信息。在这里计算出了一份发货单的产品总计、运货费、合计等。

当然在这个报表中也会学习到如何利用有颜色的水平线及矩形来对数据加以分隔，从而达到美化报表的作用。可结合报表预览体会设置方法。

实验 10-3　快速建立报表。

1．实验要求

利用报表向导建立“学生成绩”报表，显示每名学生每门课程的成绩。保存到 Access 设定的默认文件夹中。如“D:\××班教学信息管理”文件夹中。

2．操作步骤

读者自定。

实验 10-4　根据查询结果创建报表。

1．实验要求

创建“院系补考通知”报表，按专业分组生成补考通知单，并能根据输入的专业，生成该专业的补考通知单，方便考务管理。保存到 Access 设定的默认文件夹中。

2．操作步骤

读者自定。

实验 11　报表设计（二）

一、实验目的

1. 掌握用“标签向导”方法创建报表。

2. 掌握用设计视图方法创建报表。

3. 了解“查询”对象、“窗体”对象和“报表”对象的结合使用，通过“窗体”对象确定对象的查询要求，通过“查询”对象在数据库中检索到用户需要的数据，然后通过“报表”对象输出用户查询的数据。

二、实验内容

实验 11-1　使用“标签向导”创建报表。

1. 实验要求

使用“标签向导”生成“客户标签”报表。

2. 操作步骤

（1）打开“罗斯文”数据库，选择“表”对象列表中的“客户”表作为数据源。如图 11.1 所示。

图 11.1　选择标签数据源

（2）选择功能区的“创建”选项卡，在报表组单击“标签”按钮打开标签向导对话框，选取所需标签样式，如图 11.2 所示。

（3）单击“下一步”按钮，设置字号、字体、颜色等，如图 11.3 所示。

（4）在“原型标签”上放置可用字段和输入相关文字。在“可用字段”双击“客户 ID”字段，在加到“原型标签”的“客户 ID”字段前输入“客户号：”三字，再双击“公司名称”字段，在加到“原型标签”的“公司名称”字段前输入“公司名称：”，按此方法依次加入其他字段和相关文字，最终完成如图 11.4 所示。图中的“原型标签”中的设计标签布局，“{客户 ID}”表示字段，“客户号：”为输入的在标签上固定显示的文字。设置完毕，单击“下一步”按钮。

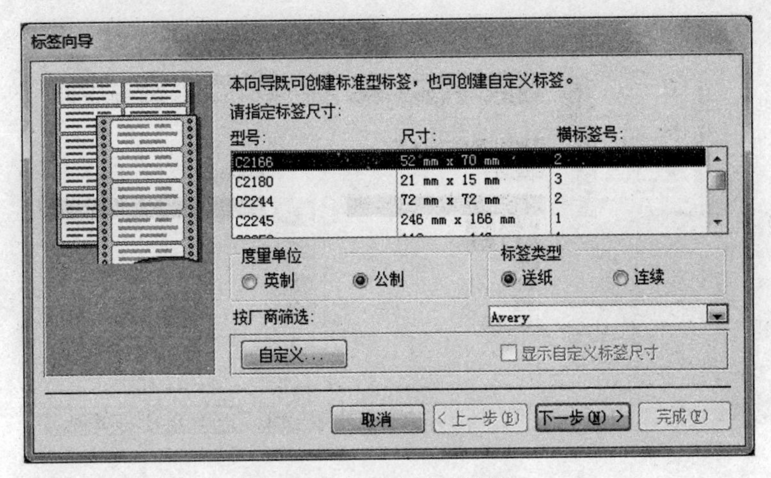

图 11.2　确定标签类型

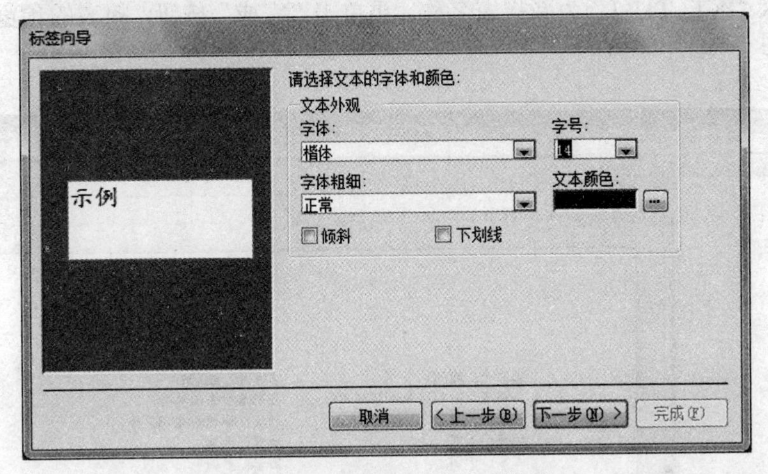

图 11.3　设置字号、字体、颜色

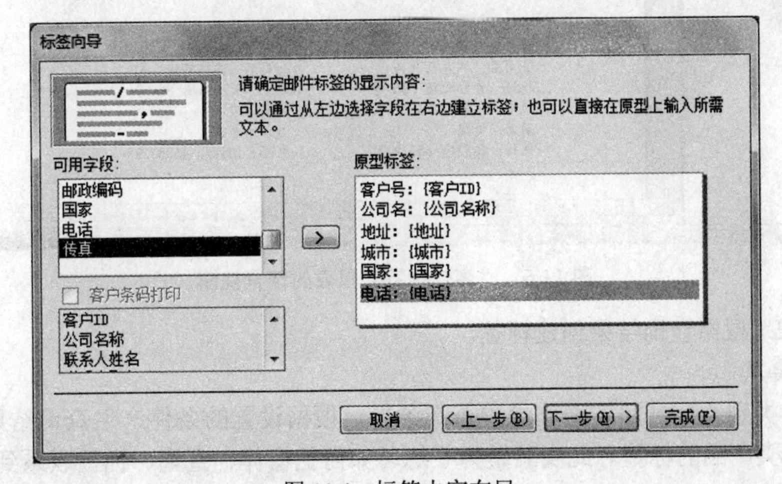

图 11.4　标签内容布局

（5）设置打印报表的排序依据，双击“客户 ID”字段，单击“下一步”按钮，如图 11.5 所示。

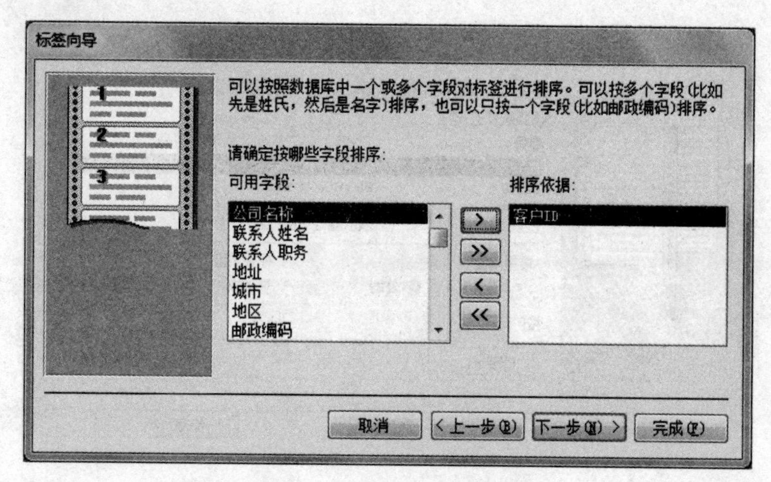

图 11.5 指定标签排序字段

（6）输入“客户 T11-1”为新报表名称，再单击“完成”按钮，报表的预览视图如图 11.6 所示。

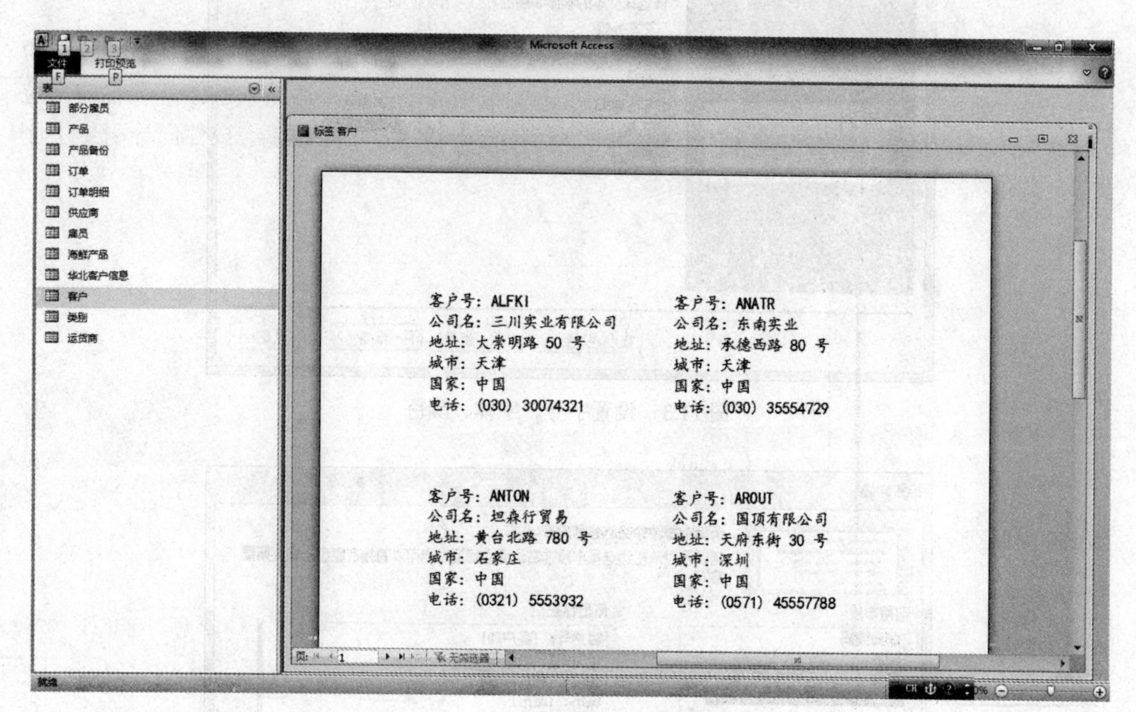

图 11.6 “客户标签”报表的预览视图

实验 11-2 根据查询结果创建标签。

1. 实验要求

通过“按类别查询产品”窗体设置查询条件，根据设置的条件产生查询结果，以查询到的数据生成某类产品的标签。此实验是为了练习如何把窗体、查询、标签联系到一起。

2. 操作步骤

（1）按图 11.7 制作查询，以“按类别查询产品”保存。条件中的窗体和下拉列表来自下一步制作的窗体。注意窗体和下拉列表的名字需与下一步制作的窗体一致。

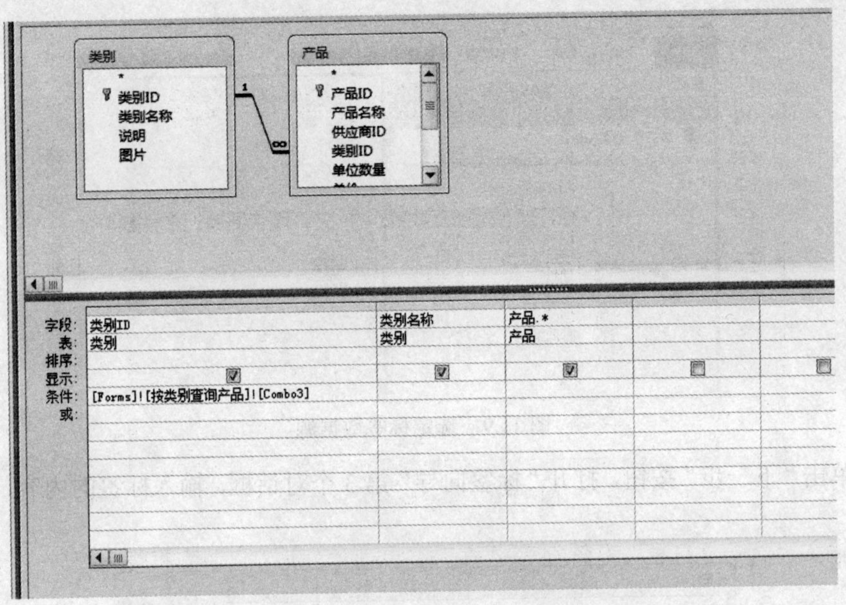

图 11.7 制作“按类别查询产品”的设计视图

（2）创建“按类别查询产品”窗体，运行效果如图 11.8 所示。其中下拉列表的数据源为“类别”表的类别名称（按类别 ID 降序排序）。所选项为上面的查询提供条件。其中的下拉列表名称是 Combo3。“确定”按钮运行查询“按类别查询产品”（此按钮在控件向导引导下制作）。窗体以“按类别查询产品”保存。

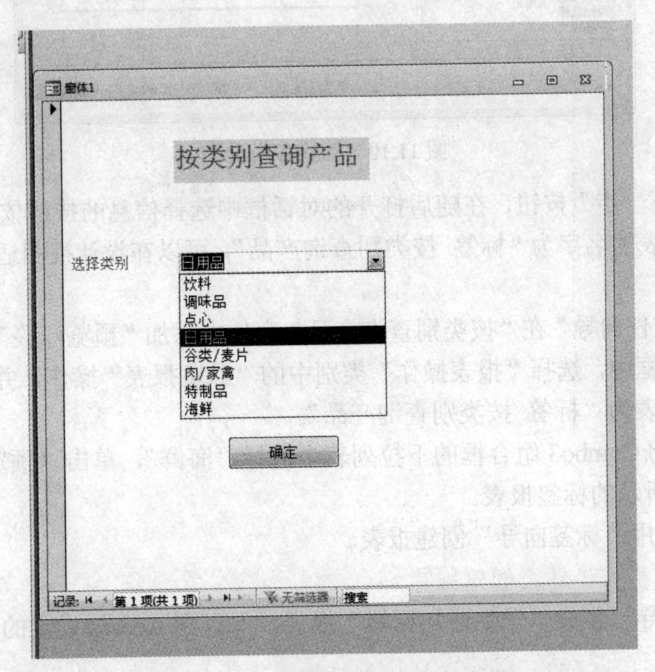

图 11.8 “按类别查询产品”窗体

（3）制作标签。先按图 11.9 选择标签的数据源。再在功能区选择“创建”选项卡，单击“报表”组的“标签”按钮。在随后打开“标签向导”的第 1 个和第 2 个对话框中依次选择标签的版式和外观。

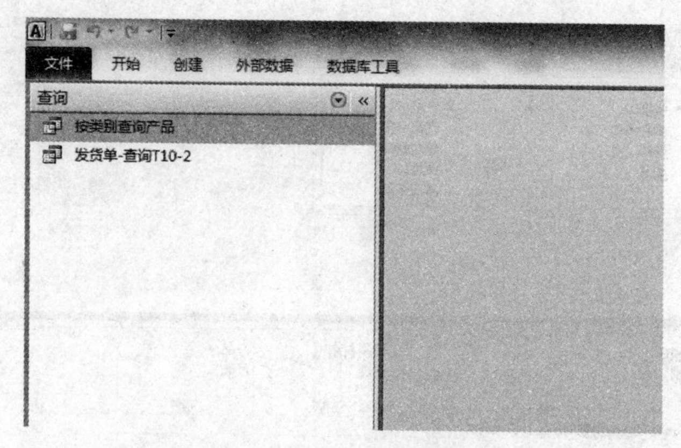

图 11.9 选定标签数据源

（4）单击“下一步”按钮，打开“标签向导”第 3 个对话框，输入标签的内容，如图 11.10 所示。

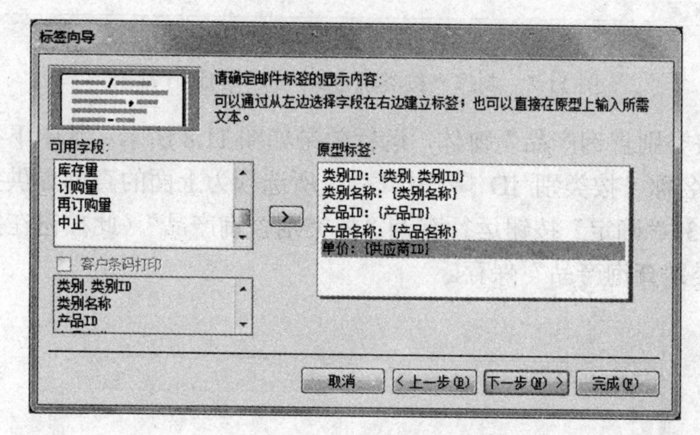

图 11.10 标签布局设计

（5）单击“下一步”按钮，在随后打开的对话框中选择信息的排序依据为“产品 ID”字段，并命名标签报表的名字为“标签 按类别查询产品”，可以在设计视图适当地调整布局及修改字体格式。

（6）利用“控件向导”在“按类别查询产品”窗体中添加“预览标签”命令按钮，在“命令按钮向导”对话框中，选择“报表操作”类别中的“预览报表”操作，并单击“确定”命令按钮，将预览的报表为“标签 按类别查询产品”。

（7）在窗体的 Combo3 组合框的下拉列表中选择“海鲜”，单击“预览标签”命令按钮，将出现如图 11.11 所示的标签报表。

实验 11-3 使用“标签向导”创建报表。

1. 实验要求

使用“标签向导”生成“学生通知标签”报表。保存到 Access 设定的默认文件夹中。

2. 操作步骤

读者自定。

提示如下：

（1）选择“新建报表 | 标签向导”，指定表来源为“学生”。再分别选定标签样式、字号、字体、颜色等。

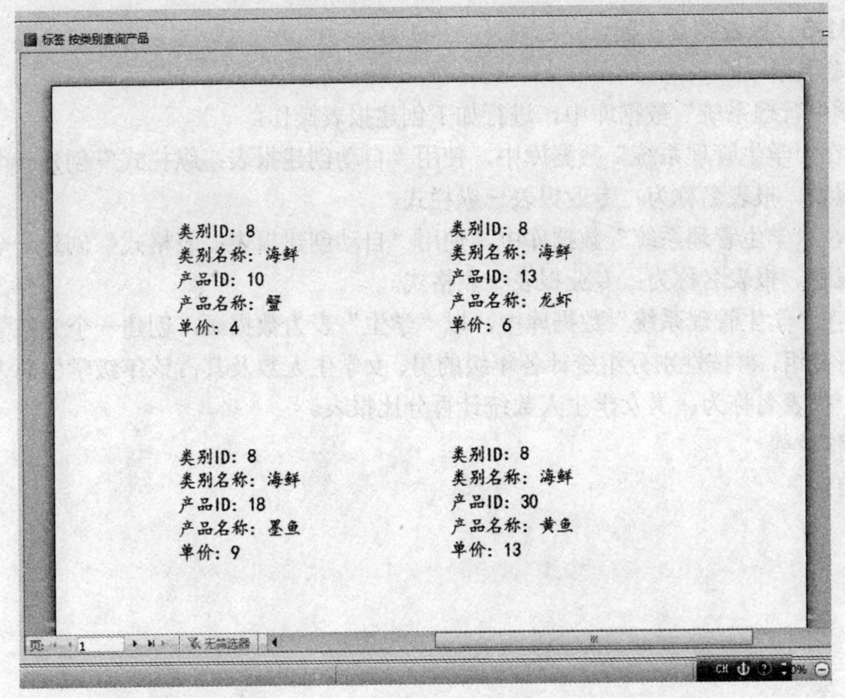

图 11.11 “标签 客户信息查询 T11-2”报表的预览视图

（2）在“原型标签”设计标签布局，放置可用字段和输入相关文字。设置打印报表的排序依据和标签排序字段。

实验 11-4 根据查询结果创建标签。

1. 实验要求

在实验 10-4 的基础上完善“补考查询”窗体，通过该窗体设置查询条件，根据设置的条件生成标签式补考通知单，以发放给考生。保存到 Access 设定的默认文件夹中。

2. 操作步骤

读者自定。

提示如下：

（1）修改“补考查询”窗体，添加 1 个“课程名称”组合框、1 个“学号”文本框和 1 个“预览标签”命令按钮，并分别与以命名和设置属性。

（2）修改“学生补考查询”，通过“补考查询”窗体确定对象的查询要求，通过“学生补考查询”在数据库中检索到用户需要的数据，然后通过标签形式输出。

（3）选择“新建报表 | 标签向导”，选择数据源为“学生补考查询”。利用“标签向导”依次选择标签的版式、外观和标签的内容。

（4）随后选择信息的排序依据为“学号”字段，并命名标签报表的名字为“补考通知单”，可以在设计视图中适当地调整布局及修改字体格式。

（5）在“补考查询”窗体中利用“控件向导”添加“预览标签”命令按钮。利用“命令按钮向导”对话框中，选择“预览报表”操作，并确定将预览的报表为上述“通知单”。

在“专业”组合框的下拉列表中选择“音乐”，单击“预览标签”命令按钮，可观察到有关的标签。

实验 11-5 报表综合实验。

1. 实验要求

在“学生管理系统”数据库中，进行如下创建报表操作：

（1）在“学生管理系统”数据库中，使用“自动创建报表：纵栏式”创建一个基于“专业”表的报表。报表名称为：专业报表－纵栏式。

（2）在“学生管理系统”数据库中，使用“自动创建报表：表格式”创建一个基于“专业”表的报表。报表名称为：专业报表－表格式。

（3）在“学生管理系统”数据库中，以“学生”表为数据源，创建一个先按学号左边的前 2 个字符分组，再按性别分组统计各年级的男、女学生人数及其占该年级学生总人数的百分比的报表。报表名称为：男女学生人数统计百分比报表。

2. 操作步骤

读者自定。

实验 12 宏（一）

一、实验目的

1. 掌握宏的概念、功能。
2. 熟练常用的宏的使用。
3. 学会创建宏、宏组及条件宏。

二、实验内容

实验 12-1 创建宏。

1. 实验要求

设计如图 12.1 所示的“主界面”窗体，建立一个名为“打开”的宏，用于打开“产品信息”窗体，单击“产品信息”按钮时便打开此窗体。

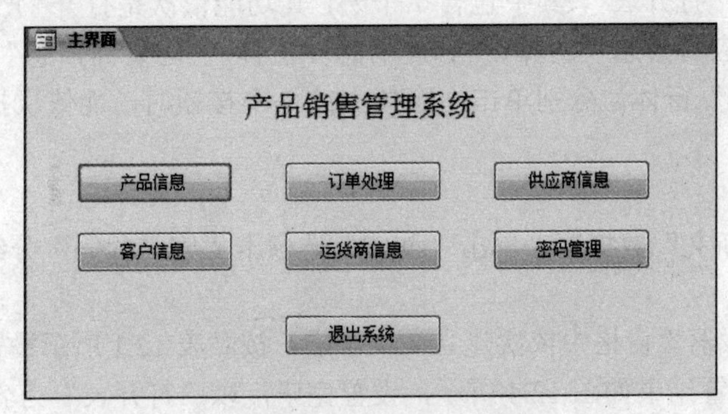

图 12.1 “主界面”窗体

2. 操作步骤

（1）打开“罗斯文”数据库，在设计视图中创建如图 12.1 所示的“主界面”窗体。

（2）单击“创建”选项卡上的“宏与代码”组中的“宏”按钮，打开 “宏设计视图”。

（3）在“宏生成器”窗格中添加新操作 OpenForm，在操作参数的“窗体名称”中选择“产品信息”，如图 12.2 所示，以名称“打开”保存宏。

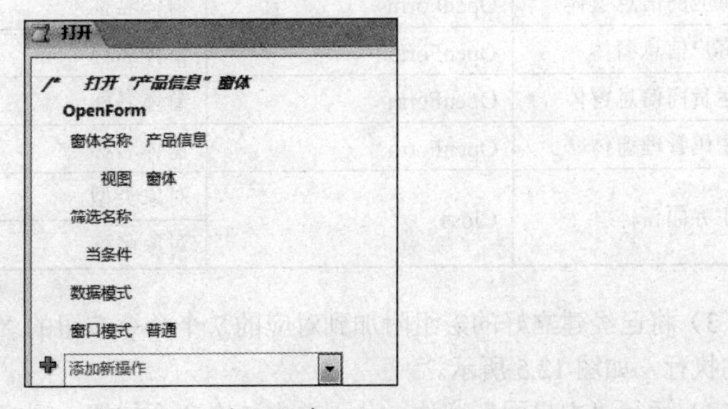

图 12.2 “打开”宏

（4）在“主界面”窗体的设计视图中，右击“产品信息”命令按钮，在弹出的快捷菜单中选择“属性”，在“命令按钮”的属性对话框中选择“事件”选项卡，在“单击”的下拉列表中选择“打开”宏，如图 12.3 所示。

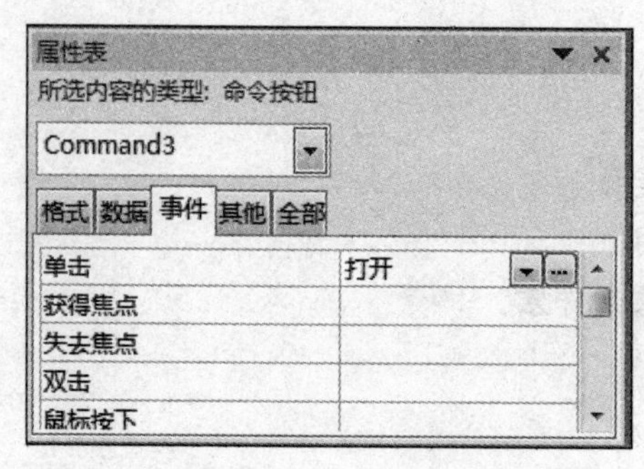

图 12.3　设置窗体命令按钮的单击事件

实验 12-2　创建宏组。

1．实验要求

建立宏组，名为“打开表”，其中包含 7 个宏，其功能依次是打开“产品信息”窗体、“订单处理”窗体、“供应商信息”窗体、“客户信息”窗体、“运货商信息”窗体、“密码管理”窗体和关闭“主界面”窗体。分别单击主窗体上的 7 个按钮时，能依次执行“打开表”宏组中的宏。

2．操作步骤

（1）打开“罗斯文”数据库，单击“创建”选项卡“宏与代码”分组中的“宏”按钮，打开“宏设计视图”。

（2）在“宏生成器”窗格中依次建立 7 个子宏，按照表 12.1 所示设置每个宏的名称、宏操作及操作参数，设置结果如图 12.4 所示，设置完毕，以“打开表”为名保存。

表 12.1　参数设置

宏名	宏操作	操作参数	
		参数名称	参数值
打开产品信息窗体	OpenForm	窗体名称	产品信息
打开订单处理窗体	OpenForm	窗体名称	订单处理
打开供应商信息窗体	OpenForm	窗体名称	供应商信息
打开客户信息窗体	OpenForm	窗体名称	客户信息
打开运货商信息窗体	OpenForm	窗体名称	运货商信息
打开密码管理窗体	OpenForm	窗体名称	密码管理
关闭主界面窗体	Close	对象类型	窗体
		对象名称	主界面

（3）将已经建立好的宏组附加到对应的 7 个命令按钮的“单击”事件属性处，由事件触发宏的执行，如图 12.5 所示。

（4）运行“主界面”窗体，分别单击 7 个命令按钮，观察结果。

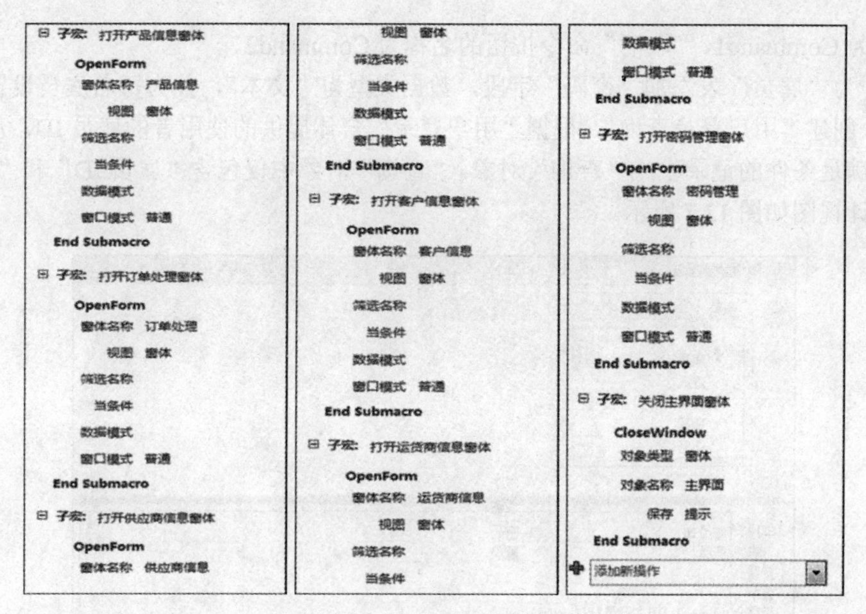

图 12.4 “打开表”宏组

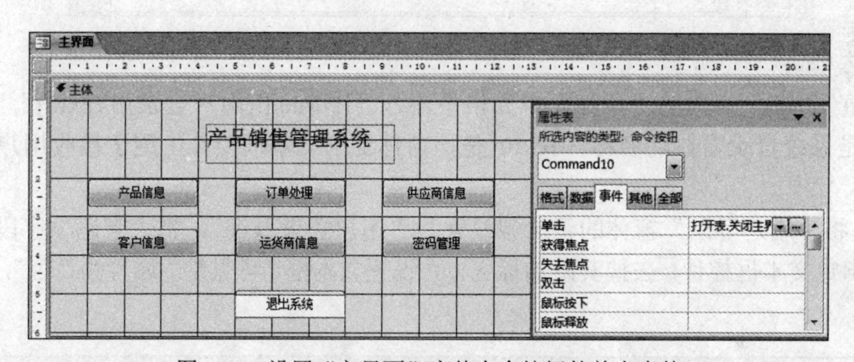

图 12.5 设置“主界面”窗体命令按钮的单击事件

实验 12-3 创建条件宏。

1. 实验要求

创建如图 12.6 所示的“用户登录”窗体，它是整个系统的入口，只有通过了“用户登录”窗体的身份验证，才能转到系统主界面。

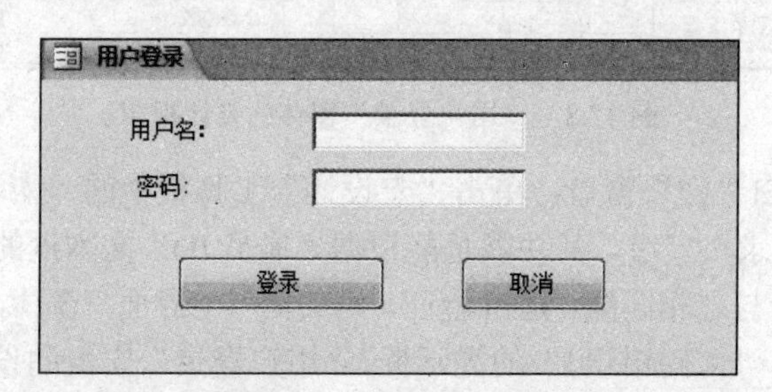

图 12.6 “用户登录”窗体

2. 操作步骤

（1）在窗体设计视图中创建如图 12.6 所示的“用户登录”窗体，“用户名”文本框的名称为 Text0，“密码”文本框的名称为 Text2，其“输入掩码”属性为“密码”，“登录”命令按钮的名称为 Command1，“取消”命令按钮的名称为 Command2。

（2）为“雇员”表添加“密码”字段，数据类型为“文本”，并为每名雇员设置密码。

（3）创建“用户登录查询”，根据“用户登录”窗体提供的使用者的雇员 ID，从“雇员”表中提取满足条件的记录生成“查询”对象。“查询”对象中仅包含“雇员 ID”和“密码”字段，其设计视图如图 12.7 所示。

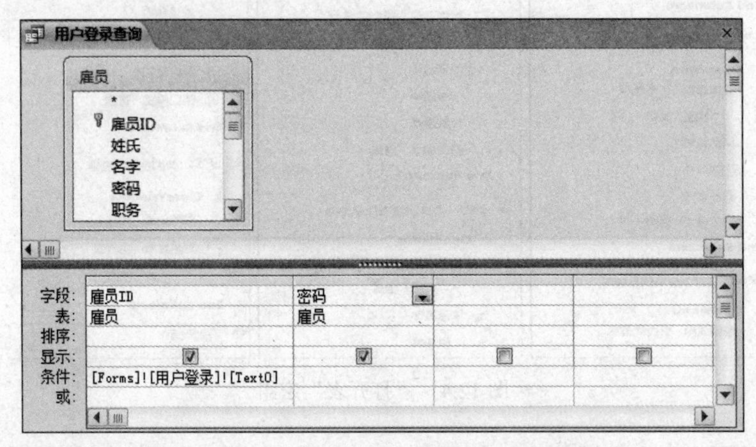

图 12.7 “用户登录查询”的设计视图

在“雇员 ID”字段的“条件”单元格中输入“[Forms]![用户登录]![Text0]”，其中“用户登录”是系统登录窗体的名称，Text0 是该窗体上的文本框控件，用于接收用户输入的雇员 ID。

（4）将“用户登录”窗体的记录源设置为“用户登录查询”，将“密码”字段加到窗体中，生成绑定文本框控件，去掉其附加标签，并设置文本框“可见性”属性为“否”，如图 12.8 所示。

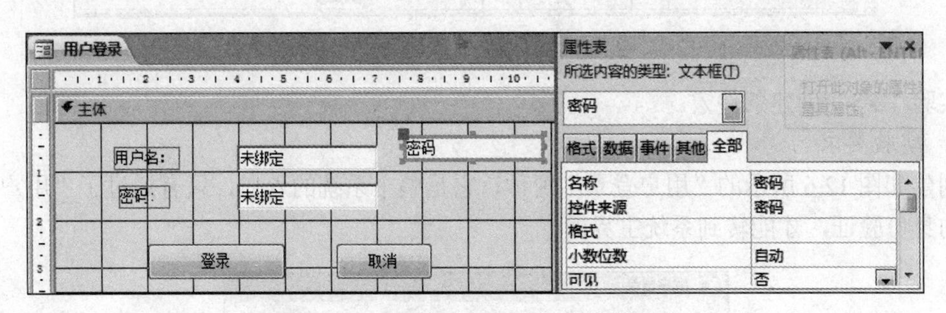

图 12.8 “用户登录”窗体的设计视图

（5）打开一个空白“宏”窗口，单击“宏设计”工具栏中的“宏名”按钮和“条件”按钮，创建一个“用户登录”宏组，其功能是能根据“雇员 ID”文本框的值查询出对应的密码，再验证输入的密码是否与之相匹配，通过验证，则关闭“主界面”窗体，打开“主界面”窗体，若未通过验证，则弹出“密码错误！”的提示框，“用户登录”宏组的设计如图 12.9 所示。

（6）将已经建立好的宏组附加到“用户登录”窗体的控件中，由事件触发宏的执行，打开“雇员 ID”文本框的属性窗口，设置“更新后”属性为“用户登录.重新查询”。打开“登录”命令按钮的属性窗口，设置“单击”属性为“用户登录.登录”。打开“取消”命令按钮的属性窗口，设置“单击”属性为“用户登录.取消”。

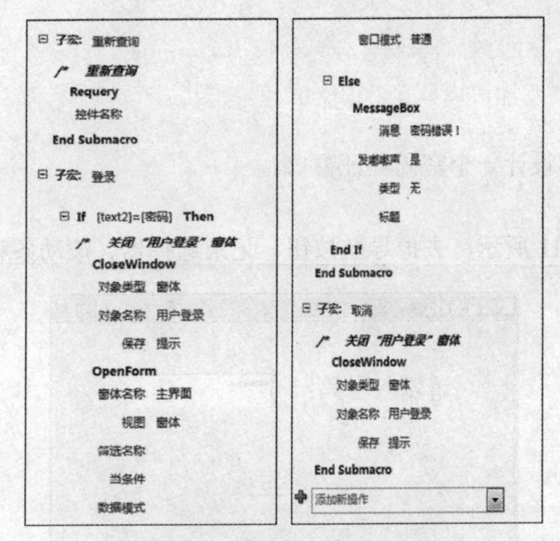

图 12.9　“用户登录”宏组的设计

（7）运行“用户登录”窗体，输入正确的雇员 ID 和密码，观察结果。

实验 12-4　创建宏。

1．实验要求

考生文件夹下存在一个数据库文件 exp12.mdb。

试按以下要求完成设计：

创建序列宏，其中操作包括：打开窗体“学生信息”、打开窗体“教师信息”、打开窗体“学生选课成绩查询”，保存宏，命名为 Ma1。

2．操作步骤

读者自定。

实验 12-5　创建条件宏。

1．实验要求

考生文件夹下存在一个数据库文件 exp12.mdb。

试按以下要求完成设计：

创建条件宏，要求实现如下操作：打开窗体“成绩查询结果”，如果成绩及格，则显示“恭喜你哦:)”提示信息，保存宏，命名为 Ma2。

2．操作步骤

读者自定。

实验 12-6　创建宏组。

1．实验要求

考生文件夹下存在一个数据库文件 exp12.mdb。

试按以下要求完成设计：

打开数据库文件 exp12.mdb，新建一个名为“宏组使用”的窗体，窗体内容如图 12.10 所示。通过创建宏组，设置相应事件驱动，使得单击按钮就能打印预览相应报表。保存宏，

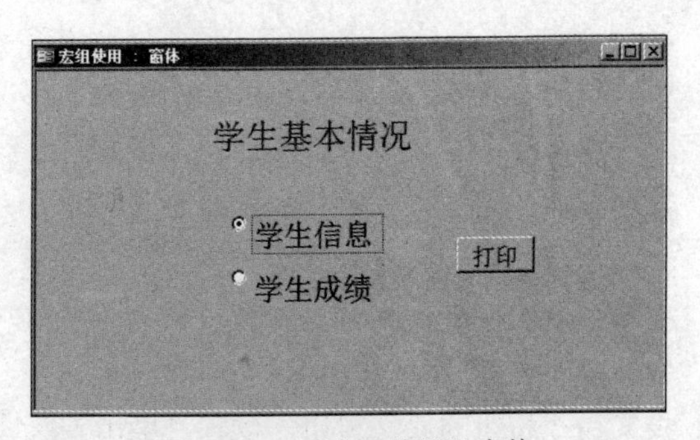

图 12.10　“宏组使用”窗体

命名为 Ma3。

2. 操作步骤

读者自定。

实验 12-7 利用宏设计一个密码验证窗口。

1. 实验要求

（1）窗体如图 12.11 所示，去掉导航按钮、记录选择器、滚动条和分隔线等。

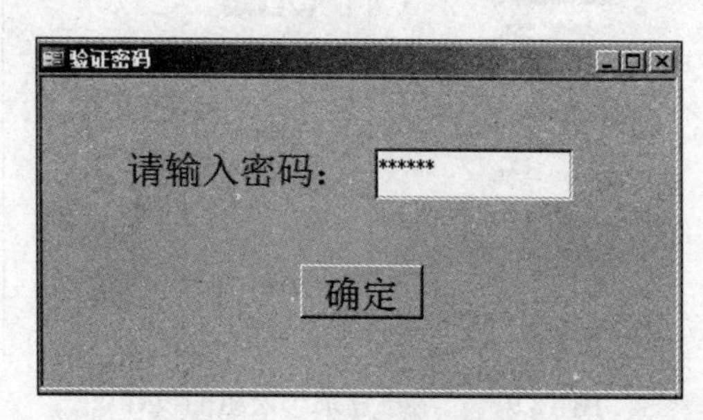

图 12.11 “验证密码”窗体

（2）添加如图 12.11 所示的 3 个控件，其中文本框要设置成“密码”型。

（3）能验证密码正确与否。（正确密码 123456）

（4）如果不对，提示“密码错误，请重新输入!”，并出现红叉图标，如图 12.12 所示。

（5）密码正确时，打开实验 12-6 中的“宏组使用”窗体，并关闭当前窗体。

图 12.12 消息提示框

2. 操作步骤

读者自定。

实验 13　宏（二）

一、实验目的

1. 掌握宏的设计方法。
2. 能够合理运用窗体和宏建立数据库综合管理的应用系统。

二、实验内容

实验 13-1　宏与窗体的综合应用。

1. 实验要求

在“订单浏览”窗体上有 4 个命令按钮，命令按钮的功能是使主窗体中的订单信息按产品 ID 升序或降序排序，或者使子窗体中某产品的所有订单按数量升序或降序排序，如图 13.1 所示。

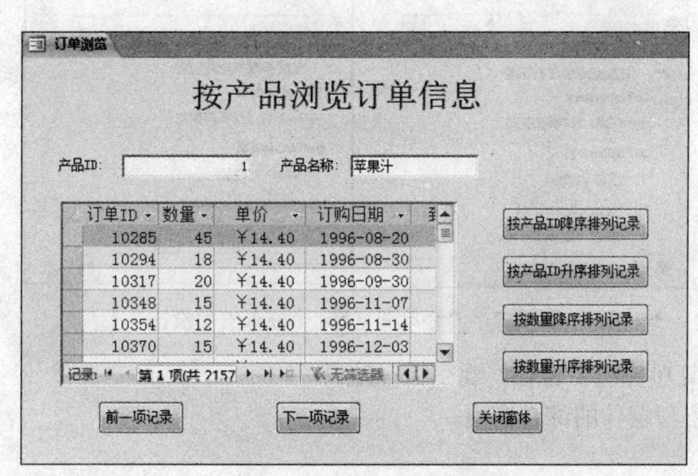

图 13.1　“订单浏览”窗体

2. 操作步骤

（1）打开“订单浏览”窗体的设计视图，添加 4 个命令按钮依次为“按产品 ID 降序排列记录”、“按产品 ID 升序排列记录”、“按数量降序排列记录”和“按数量升序排列记录”。

（2）分别为这 4 个按钮建立嵌入宏，每个嵌入宏所包含的宏操作及操作参数如表 13.1 所示，设计视图如 13.2 所示。

表 13.1　实验 13-1 参数设置

按钮名称	宏操作	操作参数		说明
		参数名称	参数值	
产品 ID 降序	GoToControl	控件名称	[产品 ID]	焦点移到产品 ID 字段上
	RunCommand	命令	SortDescending	按产品 ID 降序排序记录

续表

按钮名称	宏操作	操作参数		说明
		参数名称	参数值	
产品 ID 升序	GoToControl	控件名称	[产品 ID]	焦点移到产品 ID 字段上
	RunCommand	命令	SortAscending	按产品 ID 升序排序记录
数量降序	GoToControl	控件名称	[订单子窗体]	焦点移到子窗体控件
	GoToControl	控件名称	[数量]	焦点移到数量字段上
	RunCommand	命令	SortDescending	按数量降序排序记录
数量升序	GoToControl	控件名称	[订单子窗体]	焦点移到子窗体控件
	GoToControl	控件名称	[数量]	焦点移到数量字段上
	RunCommand	命令	SortAscending	按数量升序排序记录

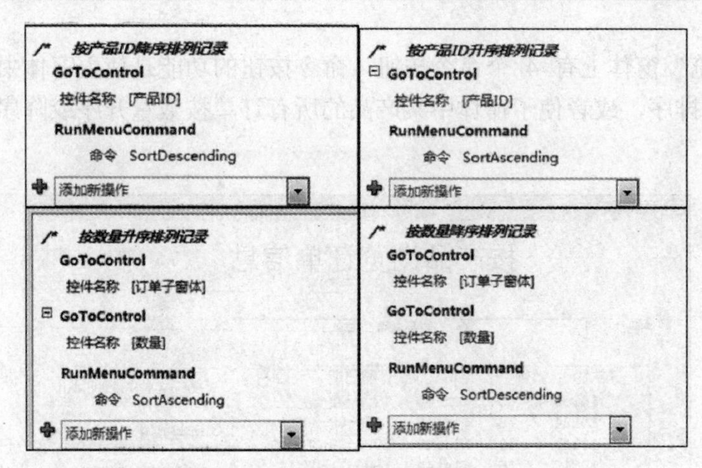

图 13.2 “订单浏览”4 个嵌入宏的设计

（3）运行“订单浏览”窗体，观察运行结果。

实验 13-2 宏与窗体的综合应用。

1. 实验要求

按照图 13.3 建立窗体，窗体上部标签的“标题”是“请选择字体颜色和字型”，窗体下部是“请选择字体”、“请选择颜色”和“请选择字型”3 个选项组，在 3 个选项组中任意选择一项，标签文字的字体、颜色和字型就会发生相应的变化。

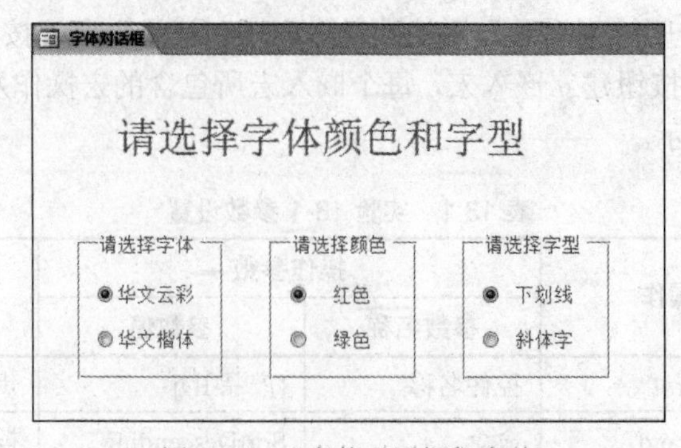

图 13.3 “字体对话框”窗体

2. 操作步骤

（1）按照图 13.3 建立名为“字体对话框”的窗体，窗体中上部的“请选择字体颜色和字型”标签的名称为 Label0，利用“控件向导”创建 3 个选项组，从左到右 3 个选项组的名称分别是 Frame1、Frame2 和 Frame3，选项组设置为默认值，当选中选项组中的第一个切换按钮时，选项组取值为 1，选中第二个切换按钮时，选项组取值为 2。

（2）打开 “宏设计视图”，创建 “字体对话框” 宏组，宏组中有 3 个宏，每个宏的名称、所使用的条件、所包含的宏操作及操作参数如表 13.2 所示。

表 13.2 实验 13-2 参数设置

宏名	条件	宏操作	操作参数		说明
			参数名称	参数值	
字体	[frame1]=1	SetValue	项目	[label0].[FontName]	将标签字体改为“华文彩云”
			表达式	"华文彩云"	
	[frame1]=2	SetValue	项目	[label0].[FontName]	将标签字体改为“华文楷体”
			表达式	"华文楷体"	
颜色	[frame2]=1	SetValue	项目	[label0].[ForeColor]	将标签颜色改为红色
			表达式	255	
	[frame2]=2	SetValue	项目	[label0].[ForeColor]	将标签颜色改为绿色
			表达式	65280	
字型	[frame3]=1	SetValue	项目	[label0].[FontUnderline]	将标签字体加上下划线
			表达式	-1	
	[frame3]=1	SetValue	项目	[label0].[FontItalic]	将标签字体改为正体
			表达式	0	
	[frame3]=2	SetValue	项目	[label0].[FontItalic]	将标签字体改为斜体
			表达式	-1	
	[frame3]=2	SetValue	项目	[label0].[FontUnderline]	去掉标签字体下划线
			表达式	0	

“字体对话框”宏组的设计视图如图 13.4 所示。

（3）将 Frame1 选项组的“更新后”属性设置为“字体对话框.字体”，Frame2 选项组的“更新后”属性设置为“字体对话框.颜色”，Frame3 选项组的“更新后”属性设置为“字体对话框.字型”。

（4）切换到窗体视图，如果希望改变标签的字体、颜色、字型，只需要在选项组中选择相应的切换按钮，即可看到标签中的字立即发生相应的变化。图 13.5 所示的是在窗体视图中选择了“华文彩云”、“红色”和“斜体字”切换按钮后的窗体显示效果。

实验 13-3 宏与窗体的综合应用。

1. 实验要求

考生文件夹下存在一个数据库文件 exp12.mdb。

试按以下要求完成设计：

（1）先利用查询向导创建一个基于“学生”数据表所有字段名为“学生基本情况查询”的简单查询。

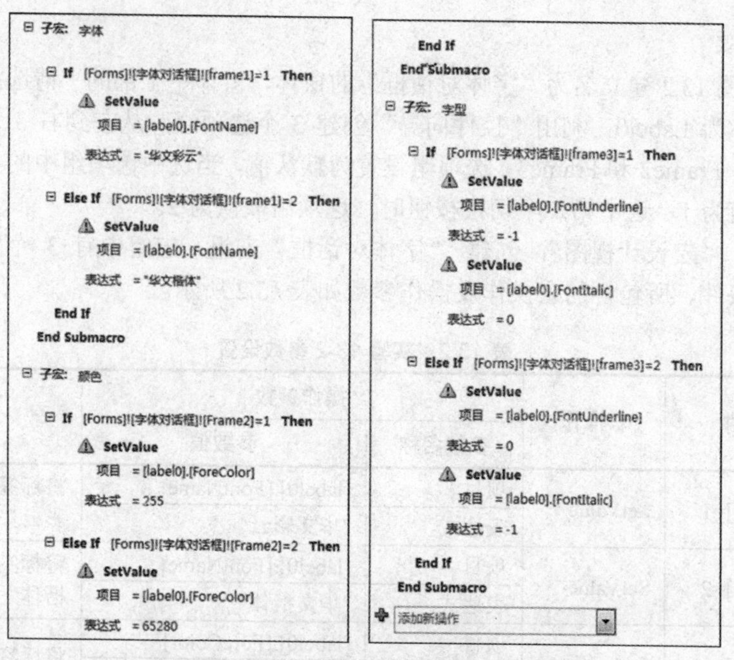

图 13.4 “字体对话框”宏组的设计视图

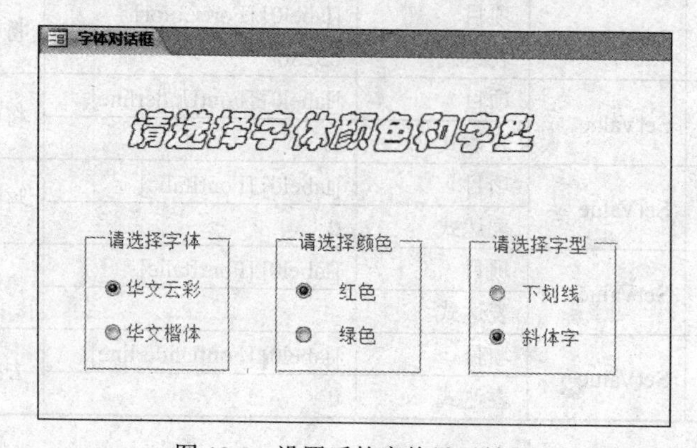

图 13.5 设置后的窗体显示效果

（2）根据“学生基本情况查询”，创建以下参数查询：

①创建一个按“学号”字段前 4 位进行查询的参数查询，并命名为“按学号查询”。

②创建一个按“姓名”字段姓氏进行查询的参数查询，并命名为“按姓氏查询”。

③创建一个按“生日”字段年份值进行查询的参数查询，并命名为“按出生年份查询”。

④创建一个按“籍贯”字段进行查询的参数查询，并命名为“按籍贯查询”。

（3）根据以上 4 个查询，利用窗体向导分别创建 4 个同名窗体。

（4）根据以上 4 个窗体，分别创建打开这些窗体的 4 个宏，并命名保存 4 个宏。

（5）在设计视图中新建一个窗体，并依次创建 4 个使用这 4 个宏的命令按钮，4 个按钮的标题名分别为“按学号查询”、“按姓氏查询”、“按出生年份查询”、“按籍贯查询”。

2. 操作步骤

读者自定。

实验 14　VBA 程序设计

一、实验目的

1. 熟悉 VBA 集成开发环境。
2. 掌握 VBA 基本的数据类型、变量、常量和表达式和过程的使用方法。
3. 掌握 VBA 的三种基本流程控制语句。
4. 掌握事件驱动程序设计的思想。
5. 掌握 ADO 访问数据库的程序设计的基本方法。

二、实验内容

实验 14-1　编写简单的 VBA 程序，重点熟悉输入对话框和消息对话框的应用。

1. 实验要求

编写简单的 VBA 程序：输入圆的半径，计算圆的面积和周长。如图 14.1 所示。

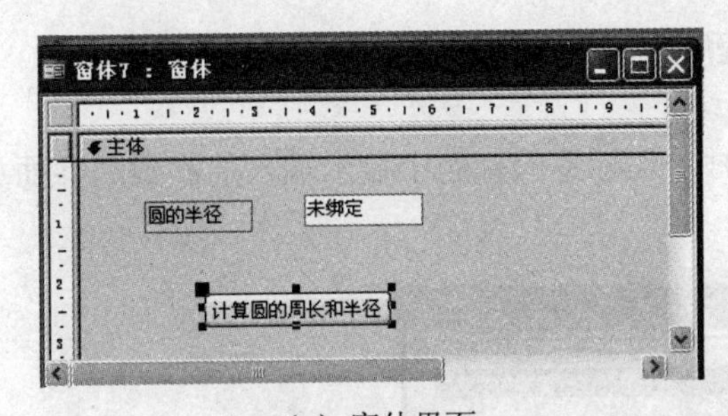

（a）窗体界面

（b）输入界面

（c）输入后的界面

（d）运行结果

图 14.1　实验 14-1 各窗体界面

2. 操作步骤

（1）界面设计

建立窗体，添加一个标签、一个文本框、一个命令按钮。

（2）属性设置

按表 14.1 设置对象的属性。

表 14.1 对象的属性

对象	属性	属性值和功能
标签	名称、Caption	L1、圆的半径
文本框	Text	显示圆的半径
Command1	名称、Caption	C1、计算周长和面积

（3）编写代码：

```
Private Sub C1_Click()
    Dim r As Integer, L As Integer, s As Integer
    T1 = InputBox("输入圆的半径", "输入对话框", 0)
    T1.SetFocus
    r = Val(T1.Text)
    Const PI = 3.14159
    L = 2 * PI * r
    s = PI * r ^ 2
    p = "圆的周长=   " + Str(L) + Chr(13) + Chr(10) + "圆的面积=   " + Str(s)
    MsgBox p, 49, "消息对话框"
End Sub
```

（4）保存窗体设置。调试并运行。

实验 14-2 为窗体中的控件编写 VBA 程序。熟悉相关函数和条件语句的用法。

1. 实验要求

在窗体上建立一个密码框，当输入密码时，在标签的标题中显示输入的次数。界面如图 14.2 所示。

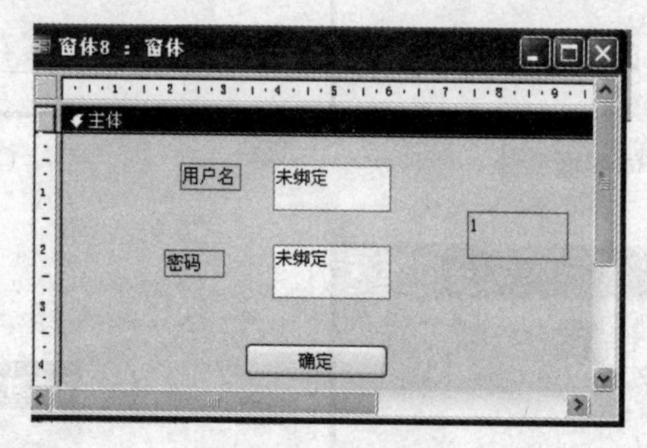

图 14.2 密码窗体

2. 操作步骤

（1）界面设计。建立一个如图 14.2 所示的窗体，窗体上设置 1 个标签控件，标题为“1”，两个文本框和 1 个命令按钮控件。

（2）属性设置。如表 14.2 所示。

表 14.2 密码窗体界面设计

对象	属性	属性值和功能
命令按钮	名称、Caption	C1、确定，触发事件
标签	名称、Caption	L3、1，显示密码输入次数

续表

对象	属性	属性值和功能
文本框 1	名称、Caption	T1、输入用户名
文本框 2	名称、Caption	T2、输入密码，输入掩码：密码

（3）编写代码

```
Private Sub C1_Click()
  Dim uname As String, pwd As String
  uname = "aaa"
  pwd = "333"
  If UCase(Me.T1.Value) <> UCase(uname) Or Me.T2.Value <> pwd Then
    MsgBox ("错误的用户名或密码，请重新输入!")
    Me.T1.Value = ""
    Me.T2.Value = ""
    Me.T1.SetFocus
    Me.L3.Caption = Str(Int(Me.L3.Caption) + 1)
     If CInt(Me.L3.Caption) > 3 Then
       DoCmd.Close
     End If
     Exit Sub
    End If
    MsgBox ("欢迎进入罗斯文系统!")
  DoCmd.Close
End Sub
```

（4）保存窗体设置。调试并运行。运行界面如图 14.3 所示。

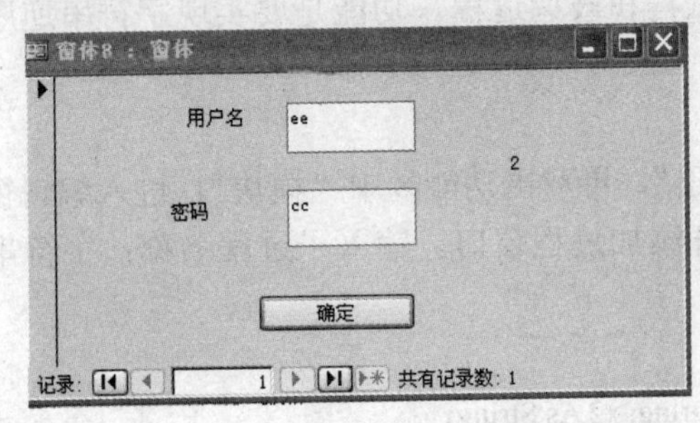

图 14.3　运行界面

实验 14-3　编写 VBA 程序，熟悉循环语句的用法。

1. 实验要求

新建一个模块，在模块中建立子过程，运行子过程，在“立即窗口”显示如图 14.4 所示的数字三角形。

2. 操作步骤

（1）打开数据库，单击选项卡“创建”，再双击功能区中“模块”，进入编辑窗口。

（2）单击菜单“插入 | 过程”，打开添加过程窗口。输入子过程名称：数字三角。然后单击“确定”按钮。

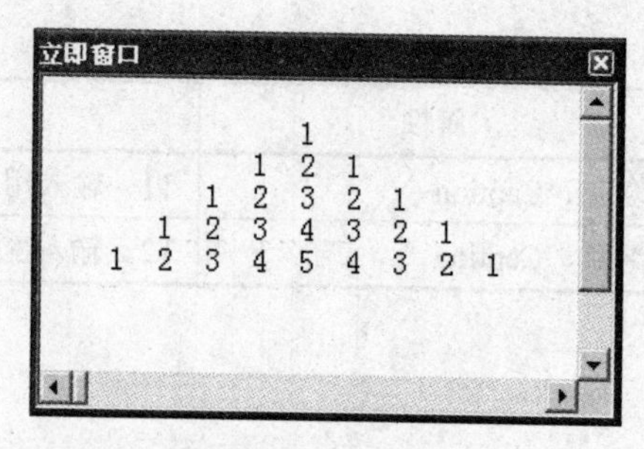

图 14.4 显示结果

（3）在代码编辑区输入代码：

```
Public Sub 数字三角()
Dim i As Integer
For i = 1 To 5                          '控制行数
    Debug.Print Tab(18 - 3 * i);        '输出每行的空格数
    For k = 1 To i                      '输出中心线左边的数字
      Debug.Print k;
    Next k
   For k = i - 1 To 1 Step -1           '输出中心线右边的数字
      Debug.Print k;
    Next k
   Debug.Print                          '空行
Next i
End Sub
```

（4）保存模块，调试并运行。打开“立即窗口”，结果如图 14.4 所示。

实验 14-4 编写 VBA 程序，熟悉过程的调用和参数传递。

1. 实验要求

新建一个模块，在模块中建立主调过程和被调过程。功能是要实现字符串逆序输出。例如输入 abcdef，输出 fedcba。

2. 操作步骤

（1）打开数据库，单击选项卡“创建”，再双击功能区中“模块”，进入编辑窗口。

（2）单击菜单“插入｜过程”，打开添加过程窗口。输入子过程名称：字符串逆序。然后单击“确定”按钮。

（3）在代码编辑区输入代码：

```
Public Sub 字符串逆序(ByRef x1 As String, x2 As String)
Dim t1 As String
Dim i As Integer
 i = Len(x1)
Do While i >= 1                 '通过循环对串逆序
  t1 = t1 + Mid(x1, i, 1)
  i = i - 1
Loop
 x2 = t1: x1 = t1
End Sub

Public Sub 逆序主过程()
```

```
Dim s1 As String, s2 As String
s1 = InputBox("输入串")              '输入初始串
MsgBox " 逆序前" & s1
Call 字符串逆序(s1, s2)              '调用“字符串逆序”过程
MsgBox "逆序后 s1=:    " & s1 & Chr(10) + Chr(13) & "          s2=: " & s2
End Sub
```

（4）保存模块，调试并运行。在本例中，参数 x1 是按地址传递。结果如图 14.5 所示。

图 14.5　逆序前后结果

实验 14-5　编写 VBA 程序，熟悉 ADO 访问数据库程序设计。

1. 实验要求

新建一窗体，通过命令按钮的单击事件，实现对数据表“供货商”记录的删除。界面如图 14.6 所示。

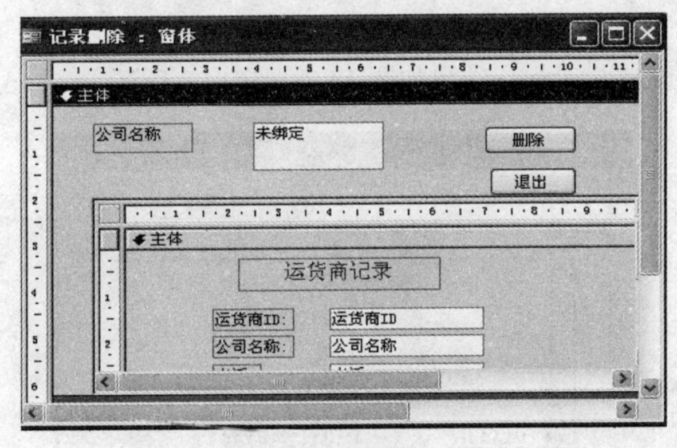

图 14.6　记录删除界面

2. 操作步骤

（1）建立窗体，添加两个命令按钮、一个文本框、一个标签和一个子窗体。

（2）属性设置。如表 14.3 所示。

表 14.3　窗体属性设置

对象	属性	属性值和功能
子窗体	数据源	运货商记录窗体，显示记录
标签	名称、Caption	Label0、公司名称
命令按钮 1	名称、Caption	C3、删除。单击事件删除记录
命令按钮 2	名称、Caption	C4、退出。单击事件关闭窗体
文本框	名称、Caption	T1。输入要删除的公司名称

（3）“删除”按钮的单击事件。

```
Private Sub C3_Click()
Dim CurConn As New ADODB.Connection
```

```
Dim rst As New ADODB.Recordset
Dim strConnect As String
strConnect = "D:\罗斯文.mdb"
CurConn.Provider = "Microsoft.jet.oledb.4.0"
CurConn.Open strConnect
rst.Open "运货商", CurConn, adOpenDynamic, adLockOptimistic, adCmdTable
rst.MoveFirst  '定位到第一条记录
Do While Not rst.EOF
  If rst.Fields("公司名称") = Me.T1.Value Then
     rst.Delete
   End If
  rst.MoveNext  '定位到下一条记录
Loop
rst.Close
CurConn.Close
End Sub
```

（4）“退出”按钮的单击事件。

```
Private Sub C4_Click()
  DoCmd.Close
End Sub
```

（5）保存窗体，调试并运行。结果如图 14.7、图 14.8 所示。

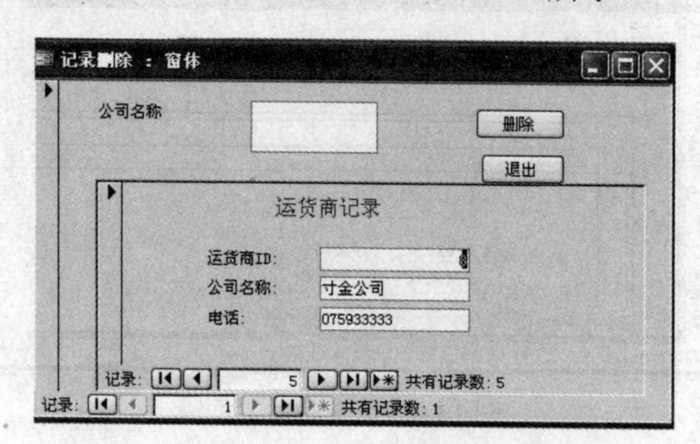

图 14.7 删除前的界面

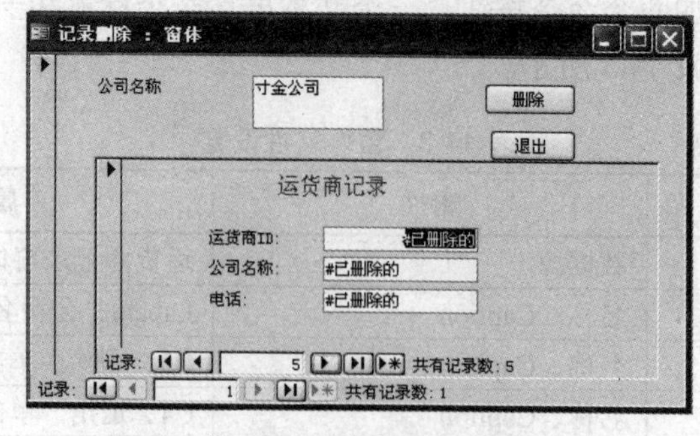

图 14.8 删除后的界面

实验 14-6 在模块中添加过程，完成实验要求的功能。

1. 实验要求

编写歌手大赛程序。10 位评委，除去一个最高分和一个最低分，计算平均分。设歌手为

1 名，满分为 100 分，输出最高分、最低分和平均分。（提示：在循环体中使用 InputBox()输入分数，在“立即窗口”显示计算结果。）

2. 操作步骤

读者自定。

实验 14-7 建立一个窗体，添加一个命令按钮，单击命令按钮，运行按实验要求编写的程序。

1. 实验要求

编写程序，输出 100 以内能被 3 整除且个位数为 4 的所有整数。（提示：在循环体中求整数：j=i*10+4，在条件语句中判断： j mod 3=0）

2. 操作步骤

读者自定。

实验 14-8 编写 VBA 程序，熟悉控件的属性。

1. 实验要求

建立窗体，并添加两个命令按钮，标题分别为“居中显示”、“文本框下移”。再添加一个文本框，在文本框中输入文字。程序运行后，单击“居中显示”按钮，则使文本框中的文字居中显示，单击“文本框下移”按钮，则文本框下移 10。（提示：使用文本框属性：Alignment 和 Top。）

2. 操作步骤

读者自定。

实验 14-9 编写 VBA 程序，熟悉控件应用。

1. 实验要求

在文本框 Text1 中输入 n 值，单击命令按钮“求阶乘”，则在 Text2 中显示计算结果。（提示：对 Text1 的值要转换：n=Val()）。

2. 操作步骤

读者自定。

第2部分　上机指导

二级Access数据库上机考试说明

一、上机考试时间

全国计算机等级考试二级Access数据库上机考试时间定为90分钟。考试时间由上机考试系统自动进行计时，提前5分钟自动报警来提醒考生应及时存盘，考试时间用完，上机考试系统将自动锁定计算机，考生将不能继续进行考试。

二、上机考试题型及分值

全国计算机等级考试二级Access数据库上机考试试卷满分为100分，共有三种类型考题，即基本操作题（30分）、简单应用题（40分）和综合应用题（30分）。

三、上机考试登录

双击桌面上的“全国计算机等级考试上机考试系统”图标，上机考试系统将显示的登录界面如图1所示。

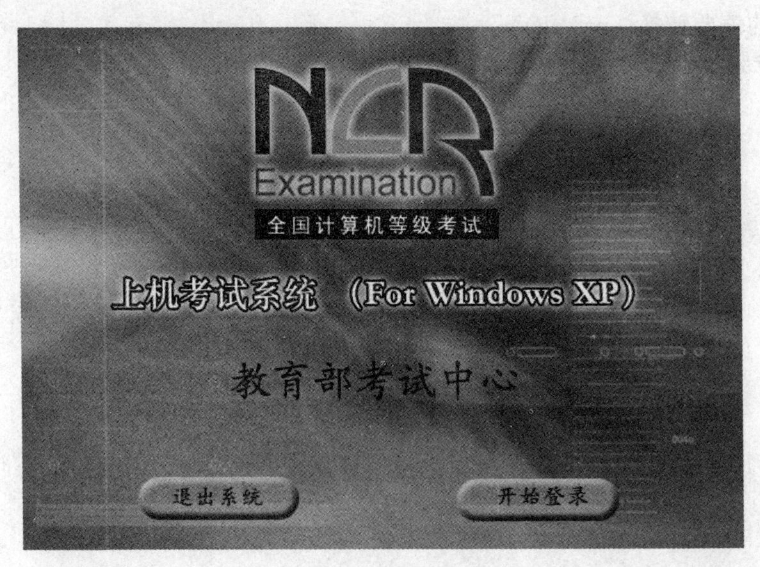

图1　登录界面

当出现上机考试系统登录界面后，考生单击“开始登录”按钮进入准考证号登录验证状态，屏幕显示如图2所示。

考生输入自己的准考证号，以回车键或单击“考号验证”按钮进行输入确认，上机考试系统开始对所输入的准考证号进行合法性检查。当输入的准考证号不存在时，上机考试系统会显示相应的提示信息并要考生重新输入准考证号，直至输入正确。

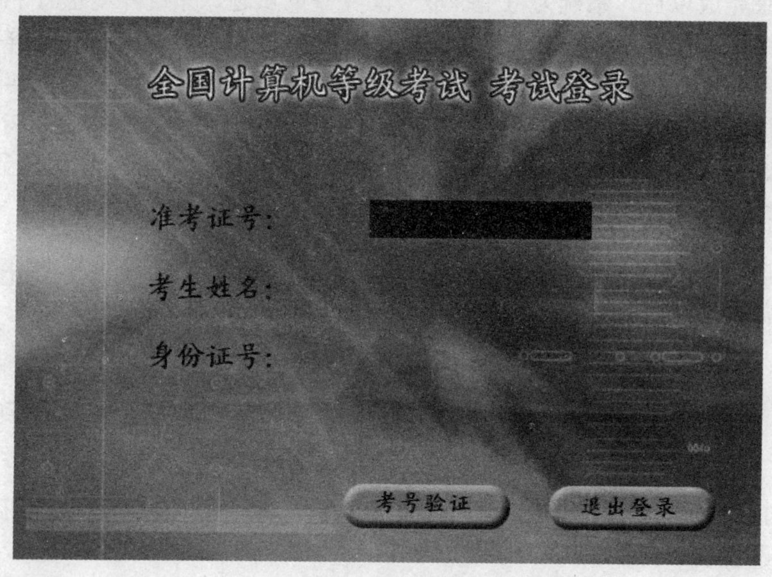

图 2　考试登录

考试登录成功后，上机考试系统会随机抽取试题，在屏幕上会显示二级 Access 数据库考生上机考试须知，如图 3 所示，考生单击“开始考试并计时”按钮开始考试并进行计时。此时，上机考试系统会自动产生一个考生考试文件夹，该文件夹中存放该考生所有上机考试的考试内容以及答题过程，因此考试不能随意删除该文件夹下与考试内容有关的文件及文件夹，避免在考试和评分时产生错误，从而导致影响考生的考试成绩。在考试界面的菜单栏下，左边的区域可显示出考生文件夹路径。

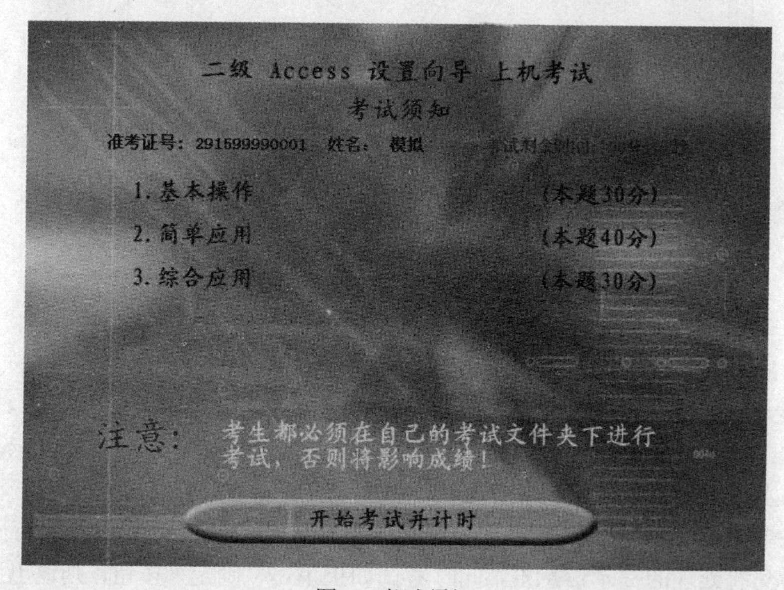

图 3　考试须知

四、试题内容查阅工具的使用

在系统登录完成以后，系统为考生抽取一套完整的试题。系统环境也有了一定的变化，上机考试系统将自动在屏幕中间生成装载试题内容查阅工具的考试窗口，并在屏幕顶部始终显示着考生的准考证号、姓名、考试剩余时间，以及可以随时显示或隐藏试题内容查阅工具和退出考试系统进行交卷的按钮的窗口，如图 4 所示。对于图 4 中最左面的“显示窗口”字符表示屏幕中间的考试窗口正被隐藏着，当单击“显示窗口”字符时，屏幕中间就会显示考试窗口，且“显示窗口”字符变成“隐藏窗口”，如图 5 所示。

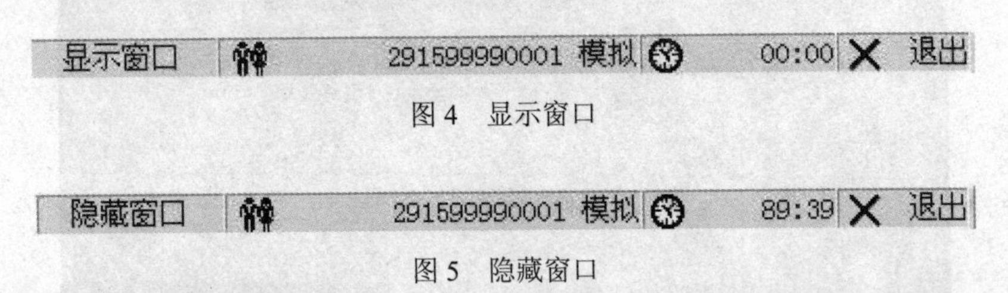

图 4　显示窗口

图 5　隐藏窗口

在考试窗口中单击“基本操作题”、“简单应用题”和“综合应用题”按钮，可以分别查看各个题型的题目要求。

当考生单击“基本操作题”按钮时，系统将显示基本操作题，如图 6 所示，此时考生在“答题”菜单上根据题目要求选择相应的命令进行基本操作题考试。

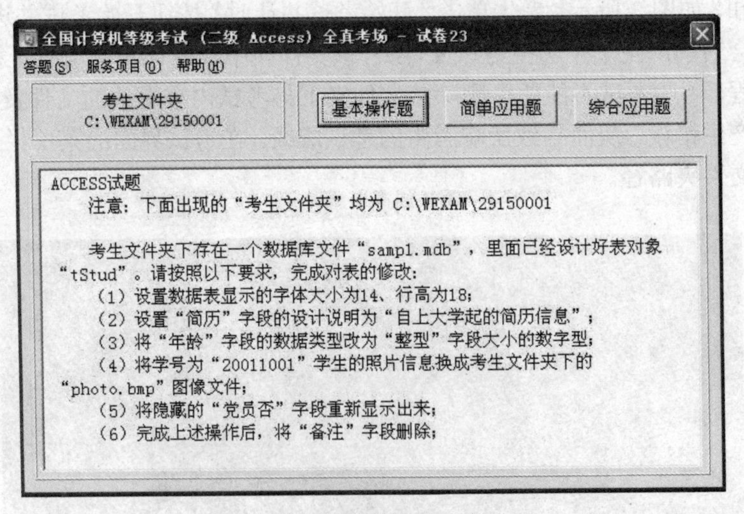

图 6　“基本操作题”窗口

当考生单击“简单应用题”按钮时，系统将显示简单应用题，如图 7 所示，此时考生在“答题”菜单上根据题目要求选择相应的命令进行简单应用题考试。

当考生单击“综合应用题”按钮时，系统将显示综合应用题，如图 8 所示，此时考生在“答题”菜单上根据题目要求选择相应的命令进行综合应用题考试。

如果考生要提前结束考试，则在屏幕顶部的按钮窗口单击“交卷”按钮，上机考试系统将显示是否要交卷处理的提示信息框，此时考试如果单击“确定”按钮，则退出上机考试系统并锁住屏幕进行评分和回收，因此考生要特别注意。

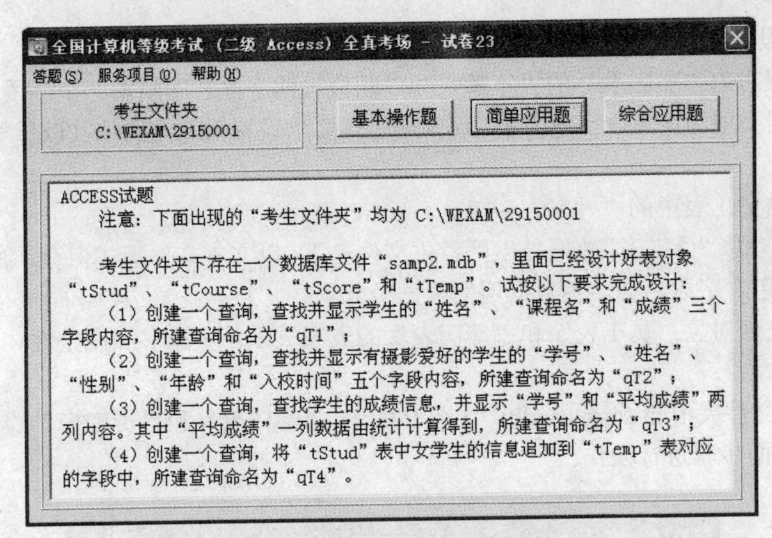

图 7　“简单应用题”窗口

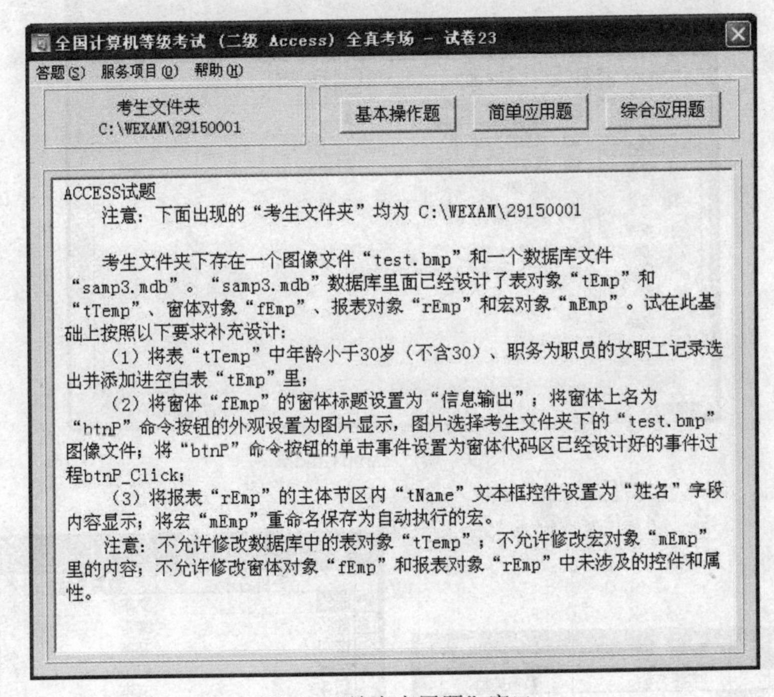

图 8　“综合应用题”窗口

五、上机考试内容

1. 基本操作题

注意：下面出现的“考生文件夹”均为 C:\WEXAM\29150001。

在考生文件夹下，samp1.mdb 数据库文件已建立两个表对象（名为“员工表”和“部门表”）。试按以下要求，顺序完成表的各种操作：

（1）将“员工表”的行高设为 15。

（2）设置表对象“员工表”的“年龄”字段有效性规则为：大于 17 且小于 65（不含 17

和 65)；同时设置相应有效性文本为“请输入有效年龄”。

（3）在表对象“员工表”的“年龄”和“职位”两字段之间新增一个字段，字段名称为“密码”，数据类型为文本，字段大小为 6，同时，要求设置输入掩码使其以星号方式（密码）显示。

（4）冻结员工表中的“姓名”字段。

（5）将表对象“员工表”数据导出到考生文件夹下，以文本文件形式保存，命名为 Test.txt。要求，第一行包含字段名称，各数据项间以分号分隔。

（6）建立表对象“员工表”和“部门表”的表间关系，实施参照完整性。

试题解析：

打开考试文件夹中的 samp1.mdb，如图 9 所示，“部门表”和“员工表”的设计视图如图 10 所示。按下面步骤进行操作。

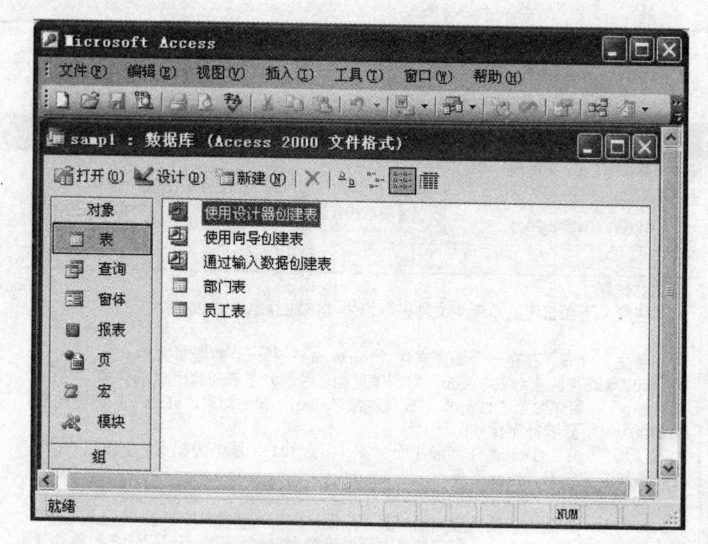

图 9　调入 samp1.mdb

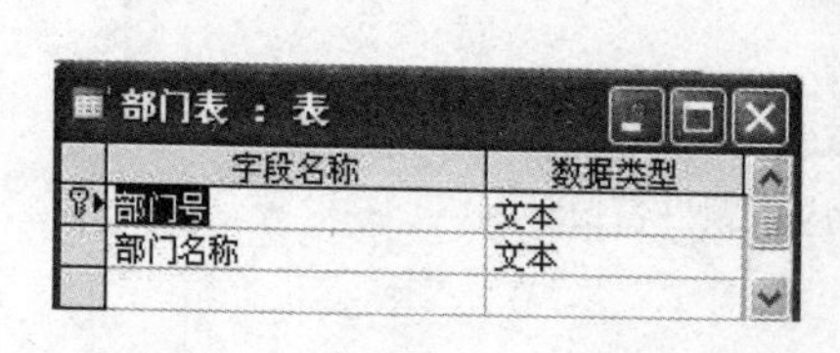

图 10　“部门表”和“员工表”的设计视图

（1）在表对象中，选择“员工表”，单击“打开”，在“格式”菜单下单击“行高”，将行高设置为 15。

（2）在表对象中，选择“员工表”，单击“设计”，在“年龄”字段的“有效性规则”中输入“>17 and <65”，在“有效性文本”中输入“请输入有效年龄”。

（3）在“员工表”设计窗口，选择“职务”字段，右击“插入行”，按照要求输入“密码”字段，在其“输入掩码”属性中选择“密码”，完成操作。

（4）在表对象中，选择“员工表”，单击“打开”，选中“姓名”字段列，在“格式”菜单下选择“冻结列”。

（5）在表对象中，选择“员工表”，在“文件”菜单下选择“导出”菜单，在弹出的对话框中选择保存的位置以及文件格式，单击“导出”，然后选择“带分隔符”，单击“下一步”，选择分隔符为“分号”，选中“第一行包含字段名称”，单击“完成”。

（6）在表对象中，单击“工具”菜单下的“关系”菜单，在弹出的对话框中，将“员工表”和“部门表”都添加显示，然后拖到“部门表”的“部门号”到“员工表”的“所属部门”上，在弹出的对话框中，选择“实施参照完整性”，保存关系。

2. 简单应用题

注意：下面出现的考生文件夹均为 C:\WEXAM\29150001

考试文件夹下存在一个数据库文件 samp2.mdb，里面已经设计好三个关联表对象 tStud、tCourse、tScore 和一个临时表 tTemp 及一个窗体 fTmp。试按以下要求完成设计：

（1）创建一个查询，查找并显示没有运动爱好学生的“学号”、“姓名”、“性别”和“年龄”4 个字段内容，所建查询命名为 qT1。

（2）创建一个查询，查找并显示所有学生的“姓名”、“课程号”和“成绩”三个字段内容，所建查询命名为 qT2。注意，这里涉及选课和没选课的所有学生信息，要考虑选择合适查询联接属性。

（3）创建一个参数查询，查找并显示学生的“学号”、“姓名”、“性别”和“年龄”4 个字段内容。其中设置性别字段为参数，参数条件要引用窗体 fTmp 上控件 tSS 的值，所建查询命名为 qT3。

（4）创建一个查询，删除临时表对象 tTemp 中年龄为奇数的记录，所建查询命名为 qT4。

试题解析：

打开考试文件夹中的 samp2.mdb，如图 11 所示，各个表和窗体的设计视图如图 12 所示。按下面步骤进行操作。

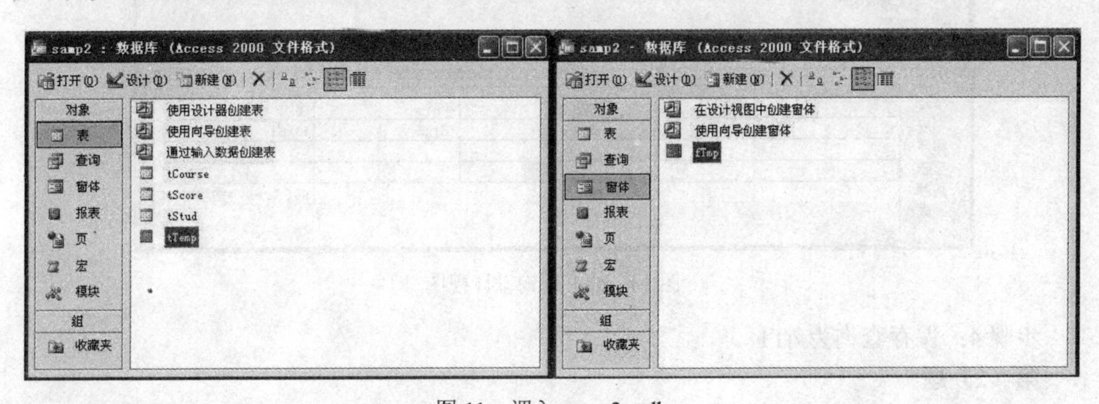

图 11　调入 samp2.mdb

第（1）题

步骤 1：选择“查询”对象，选择“在查询视图中创建查询”项，单击“设计”按钮。打开设计视图。

步骤 2：在显示表中选择 tStud 表，添加到视图中。

步骤 3：在查询设计视图的设计网格中进行设计，如图 13 所示。

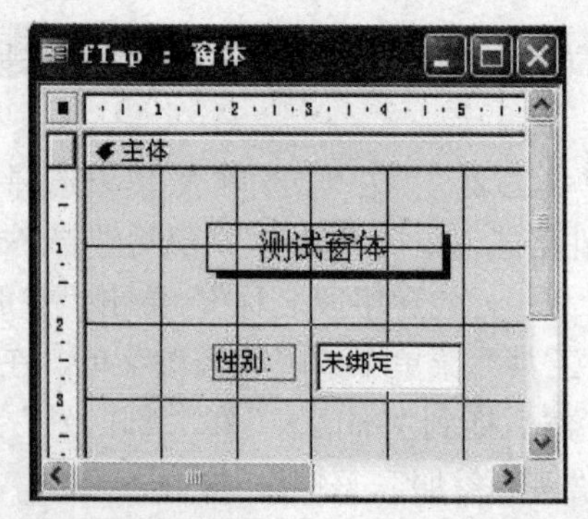

tCourse : 表

字段名称	数据类型
课程号	文本
课程名	文本
学分	数字
先修课程	文本

tScore : 表

字段名称	数据类型
学号	文本
课程号	文本
成绩	数字

tStud : 表

字段名称	数据类型
学号	文本
姓名	文本
性别	文本
年龄	数字
所属院系	文本
入校时间	日期/时间
简历	备注

tTemp : 表

字段名称	数据类型
编号	文本
姓名	文本
性别	文本
年龄	数字
职务	文本

图 12　各个对象的设计视图

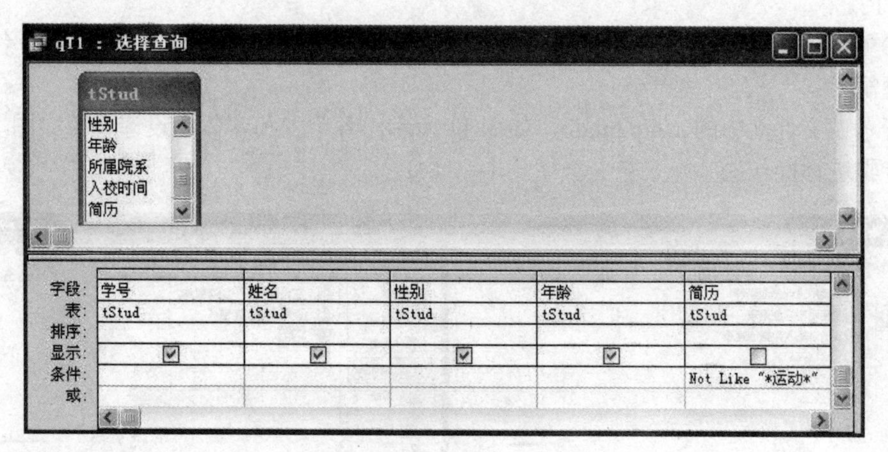

图 13　qT1 查询设计视图

步骤 4：保存查询为 qT1 。

第（2）题

步骤 1：选择“查询”对象，选择“在设计视图中创建查询”项，单击“设计”按钮。打开设计视图。

步骤 2：在显示表中选择 tStud、tCourse 和 tScore 表，添加到视图中。将表 tScore 和 tStud 之间的联接关系设置为第 3 条，如图 14 所示；同理，将 tCourse 和 tScore 之间的联接属性也修改为第 3 条。

步骤 3：在查询设计视图的设计网格中按照图 15 进行设计。

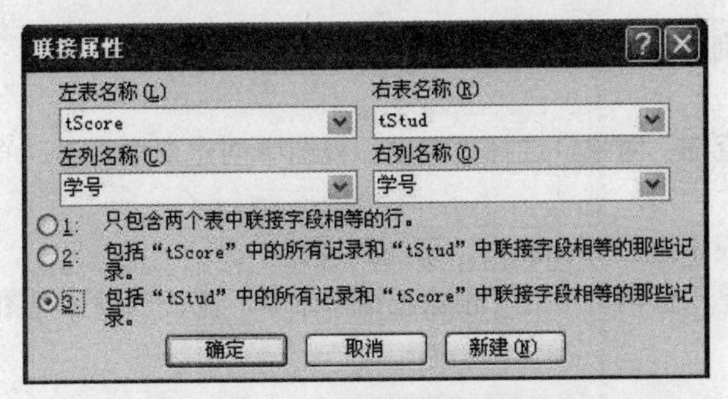

图 14　设置联接属性

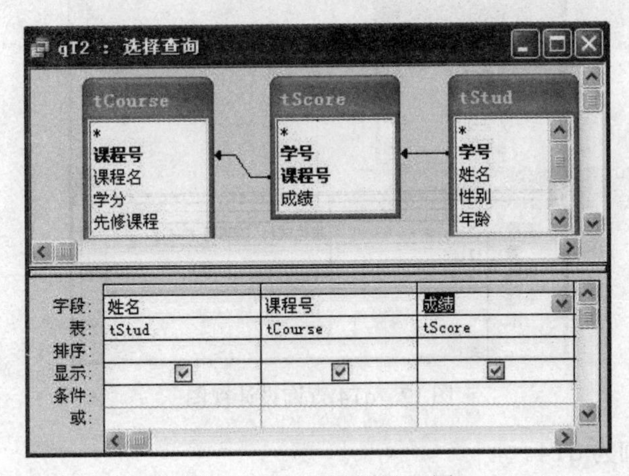

图 15　qT2 查询设计视图

步骤 4：保存查询为 qT2。

第（3）题

步骤 1：选择"查询"对象，选择"在设计视图中创建查询"项，单击"设计"按钮。打开设计视图。

步骤 2：在显示表中选择 tStud 表，添加到视图中。打开"查询"菜单下的"参数"，参数中输入"性别"。

步骤 3：在查询设计视图的设计网格中按照图 16 进行设计。

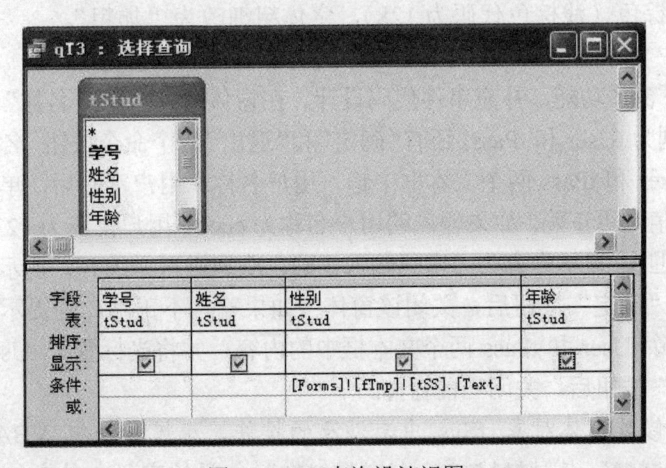

图 16　qT3 查询设计视图

步骤 4：保存查询为 qT3。

第（4）题

步骤 1：选择“查询”对象，选择“在设计视图中创建查询”项，单击“设计”按钮。打开设计视图。

步骤 2：在显示表中选择 tTemp 表，添加到视图中。

步骤 3：执行菜单“查询”中的“删除查询”命令，在查询设计视图的设计网格中按照图 17 进行设计。

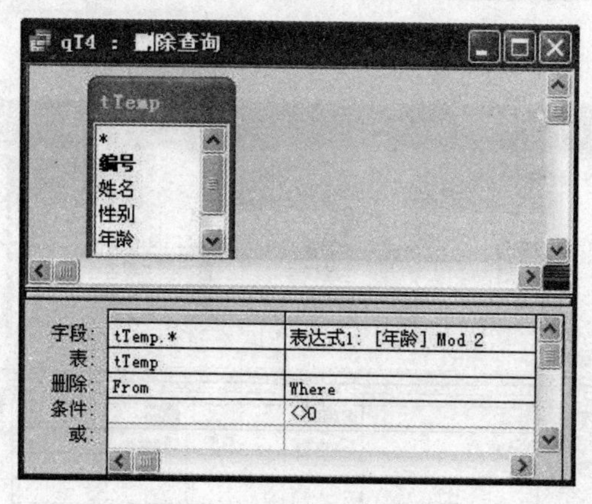

图 17　qT4 查询设计视图

步骤 4：保存查询为 qT4。

3．综合应用题

注意：下面出现的考生文件夹均为 C:\WEXAM\29150001。

考生文件夹下存在一个数据库文件 samp3.mdb，里面已经设计好窗体对象 fSys。请在此基础上按照以下要求补充 fSys 窗体的设计：

（1）将窗体的边框样式设置为“对话框边框”，取消窗体中的水平和垂直滚动条、记录选择器、导航按钮、分隔线、控制框、“关闭”按钮、“最大化”按钮和“最小化”按钮。

（2）将窗体标题栏显示文本设置为“系统登陆”。

（3）将窗体中“用户名称”（名称为 lUser）和“用户密码”（名称为 lPass）两个标签上的文字颜色改为浅棕色（浅棕色代码为 128），字体粗细改为“加粗”。

（4）将窗体中名称为 tPass 的文本框控件的内容以密码形式显示。

（5）按照以下窗体功能，补充事件代码设计。在窗体中有“用户名称”和“用户密码”两个文本框，名称分别为 tUser 和 tPass，还有“确定”和“退出”两个命令按钮，名称分别为 cmdEnter 和 cmdQuit。在 tUser 和 tPass 两个文本框中输入用户名称和用户密码后，单击“确定”按钮，程序将判断输入的值是否正确，如果输入的用户名称为 cueb，用户密码为 1234，则显示提示框，提示框标题为“欢迎”，显示内容为“密码输入正确，欢迎进入系统！”，提示框中只有一个“确定”按钮，当单击“确定”按钮后，关闭该窗体；如果输入不正确，则提示框显示内容为“密码错误！”，同时清除 tUser 和 tPass 两个文本框中的内容，并将光标置于 tUser 文本框中。当单击窗体上的“退出”按钮后，关闭当前窗体。

注意：不允许修改窗体对象 fSys 中未涉及的控件、属性和任何 VBA 代码，只允许在“*******Add********”与“*******Add********”之间的空行内补充一条语句，不允许增删和修改其他位置已存在的语句。

试题解析：

打开考试文件夹中的 samp3.mdb，如图 18 所示，fSys 窗体的设计视图如图 19 所示。按下面步骤进行操作。

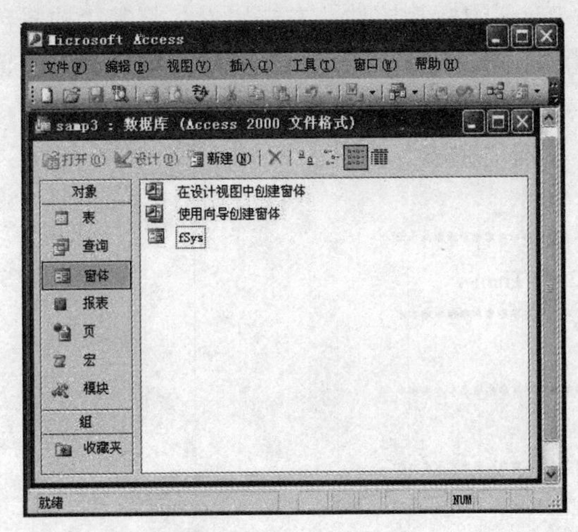

图 18　调入 samp3.mdb

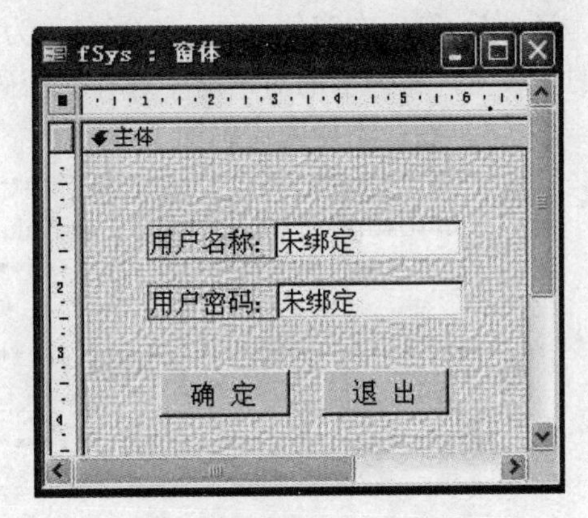

图 19　fSys 窗体的设计视图

窗体的代码设计如下：

```
Option Compare Database
Private Sub cmdEnter_Click()
Dim name As String, pass As String
    name = Nz(Me!tUser)
    pass = Nz(Me!tPass)
'************************ Add1 **************************************

'************************ Add1 **************************************
        MsgBox "密码输入正确，欢迎进入系统！", vbOKOnly + vbCritical, "欢迎"
'显示消息框
        DoCmd.Close
    Else
        MsgBox "密码错误！", vbOKOnly              '显示消息框
        Me!tUser = ""                              '使文本框清空
        Me!tPass = ""
'************************ Add2 **************************************

'************************ Add2 **************************************
    End If
End Sub

Private Sub cmdQuit_Click()
'************************ Add3 **************************************

'************************ Add3 **************************************
End Sub
```

第（1）、（2）题：在窗体对象中，选择窗体 fSys，单击“设计”按钮。在窗体界面，右击“窗体”属性，将“边框样式”属性设置为“对话框边框”，“滚动条”属性设置为“两者均无”，“记录选择器”、“导航按钮”、“分隔线”、“控制框”、“关闭按钮”等属性都设置为“否”，将“最大最小化按钮”设置为“无”；在“标题”属性中输入“系统登录”。

第（3）题：在窗体界面，选择“名称”为 lUser 的标签控件，右击属性，将其“前景色”属性设置为 128，“字体粗细”属性修改为“加粗”，同理将名称为 lPass 的标签也做如上设置。

第（4）题：在窗体界面，选择名称为 tPass 的文本框，右击属性，打开“输入掩码”右侧的生成器，在弹出的对话框中选择“密码”，单击“完成”按钮。

第（5）题：添加的代码如下：

```
'********************** Add1 **********************
    If tUser.Value= "cueb" And tPass.Value="1234" Then
'********************** Add1 **********************

'********************** Add2 **********************
    tUser.setfocus
'********************** Add2 **********************

'********************** Add3 **********************
    docmd.Close
'********************** Add3 **********************
```

第3部分　模拟试题

2010年9月全国计算机等级考试 Access二级笔试试卷

一、选择题（每小题2分，共70分）

下列各题A、B、C、D四个选项中，只有一个选项是正确的。请将正确选项填涂在答题卡相应位置上，答在试卷上不得分。

1. 下列叙述中正确的是（　　）。
   A. 线性表的链式存储结构与顺序存储结构所需要的存储空间是相同的
   B. 线性表的链式存储结构所需要的存储空间一般要多于顺序存储结构
   C. 线性表的链式存储结构所需要的存储空间一般要少于顺序存储结构
   D. 上述三种说法都不对
2. 下列叙述中正确的是（　　）。
   A. 在栈中，栈中元素随栈底指针与栈顶指针的变化而动态变化
   B. 在栈中，栈顶指针不变，栈中元素随栈底指针的变化而动态变化
   C. 在栈中，栈底指针不变，栈中元素随栈顶指针的变化而动态变化
   D. 上述三种说法都不对
3. 软件测试的目的是（　　）。
   A. 评估软件的可靠性　　B. 发现并改正程序中的错误
   C. 改正程序中的错误　　D. 发现程序中的错误
4. 下面描述中，不属于软件危机表现的是（　　）。
   A. 软件过程不规范　　B. 软件开发生产率低
   C. 软件质量难以控制　　D. 软件成本不断提高
5. 软件生命周期是指（　　）。
   A. 软件新产品从提出、实现、使用、维护到停止使用、退役的过程
   B. 软件从需求分析、设计、实现到测试完成的过程
   C. 软件的开发过程
   D. 软件的运行维护过程
6. 面向对象方法中，继承是指（　　）。
   A. 一组对象所具有的相似性质
   B. 一个对象具有另一个对象的性质
   C. 各对象之间的共同性质
   D. 类之间共享属性和操作的机制

7．层次型、网状型和关系型数据库划分原则是（　　）。

A．记录长度　　B．文件的大小

C．联系的复杂程度　　D．数据之间的联系方式

8．一个工作人员可以使用多台计算机，而一台计算机可被多个人使用，则实体工作人员与计算机之间的联系是（　　）。

A．一对一　　B．一对多

C．多对多　　D．多对一

9．数据库设计中反映用户对数据要求的模式是（　　）。

A．内模式　　B．概念模式

C．外模式　　D．设计模式

10．有三个关系R、S和T如下：

R

A	B	C
a	1	2
b	2	1
c	3	1

S

A	D
c	4

T

A	B	C	D
c	3	1	4

则由关系R和S得到关系T的操作是（　　）。

A．自然连接　　B．交

C．投影　　D．并

11．在Access中要显示“教师表”中姓名和职称的信息，采用的关系运算是（　　）。

A．选择　　B．投影

C．连接　　D．关联

12．学校图书馆规定，一名旁听生同时只能借一本书，一名在校生同时可借5本书，一名教师同时可以借10本书，在这种情况下，读者与图书之间形成了借阅关系，这种借阅关系是（　　）。

A．一对一关系　　B．一对五关系

C．一对十关系　　D．一对多关系

13．Access数据库最基础的对象是（　　）。

A．表　　B．宏

C．报表　　D．查询

14．下列关于货币数据类型的叙述中，错误的是（　　）。

A．货币型字段在数据表中占8个字节的存储空间

B．货币型字段可以与数字型数据混合计算，结果为货币型

C．向货币型字段输入数据时，系统自动将其设置为4位小数

D．向货币型字段输入数据时，不必输入人民币符号和千位分隔符

15. 若将文本型字段的输入掩码设置为“####-######”，则正确的输入数据是（　　）。

A．0755-abcde　　B．077 -12345

C．a c d-123456　　D．####-######

16．如果在查询条件中使用通配符“[]”，其含义是（　　）。

A．错误的使用方法　　B．通配不在括号内的任意字符

C．通配任意长度的字符　　D．通配方括号内任一单个字符

17．在 SQL 语言的 Select 语句中，用于实现选择运算的子句是（　　）。

A．For　　B．If

C．While　　D．Where

18．在数据表视图中，不能进行的操作是（　　）。

A．删除一条记录　　B．修改字段的类型

C．删除一个字段　　D．修改字段的名称

19．下列表达式计算结果为数值类型的是（　　）。

A．#5/5/2010#-#5/1/2010#　　B．"102">"11"

C．102=98+4　　D．#5/1/2010#+5

20．如果在文本框内输入数据后，按 Enter 或 Tab 键，输入焦点可立即移到下一指定文本框，应设置（　　）。

A．"制表位"属性　　B．"Tab 键索引"属性

C．"自动 Tab 键"属性　　D．"Enter 键行为"属性

21．在"成绩"字段中查找成绩大于等于 80 且成绩小于等于 90 的学生，正确的条件表达式是（　　）。

A．成绩 Between 80 and 90　　B．成绩 Between 80 to 90

C．成绩 Between 79 and 91　　D．成绩 Between 79 to 91

22．"学生表"中有"学号"、"姓名"、"性别"和"入学成绩"等字段，执行如下 SQL 命令后的结果是（　　）。

Select avg（入学成绩）From 学生表 Group by 性别

A．计算并显示所有学生的平均入学成绩

B．计算并显示所有学生的性别和平均入学成绩

C．按性别顺序计算并显示所有学生的平均入学成绩

D．按性别分组计算并显示不同性别学生的平均入学成绩

23．若在"销售总数"窗体中有"订货总数"文本框控件，能够正确引用控件值的是（　　）。

A．Forms.[销售总数].[订货总数]　　B．Forms![销售总数].[订货总数]

C．Forms.[销售总数]![订货总数]　　D．Forms![销售总数]![订货总数]

24．因修改文本框中的数据而触发的事件是（　　）。

A．Change　　B．Edit

C．Getfocus　　D．LostFocus

25．在报表中，要计算"数学"字段的最低分，应将控件的"控件来源"属性设置为（　　）。

A．=Min ([数学])　　B．=Min (数学)

C．=Min [数学]　　D．Min ([数学])

26．要将一个数字字符串转换成对应的数值，应使用的函数是（　　）。

A．Val　　B．Single

C．Asc　　D．Space

27．下列变量名中，合法的是（　　）。

A．4A　　B．A-1

C．ABC_1　　D．private

28．若变量 i 的初值为 8，则下列循环语句中循环体的执行次数为（　）。

```
Do While i <=17
  i=i+2
Loop
```

A．3 次　　B．4 次　　C．5 次　　D．6 次

29．InputBox 函数的返回值类型是（　）。

A．数值　　B．字符串　　C．变体　　D．视输入的数据而定

30．下列能够交换变量 X 和 Y 值的程序段是（　）。

A．Y=X:X=Y　　B．Z=X:Y=Z:X=Y

C．Z=X:X=Y:Y=Z　　D．Z=X:W=Y:Y=Z:X=Y

31．窗体中有命令按钮 Command1，事件过程如下：

```
Public Function f(x As Integer) As Integer
  Dim y As Integer
  x=20
  y=2
  f=x*y
End Function
Private Sub Command1_Click()
  Dim y As Integer
  Static x As Integer
  x=10
  y=5
  y=f(x)
  Debug.Print x;y
End Sub
```

运行程序，单击命令按钮，则立即窗口中显示的内容是（　）。

A．10　5　　B．10　40　　C．20　5　　D．20　40

32．窗体中有命令按钮 Command1 和文本框 Text1，事件过程如下：

```
Function result(ByVal X As Integer)As Boolean
    If X Mod 2=0 Then
      Result=True
    Else
      Result=False
    End If
End Function
Private Sub Command1_Click()
    x=Val(InputBox("请输入一个整数")
  If _____ Then
    Text1=Str(x)& "是偶数"
  Else
    Text1=Str(x)& "是奇数"
  End If
End Sub
```

运行程序，单击命令按钮，输入 19，在 Text1 中会显示“19 是奇数”。那么在程序的空白处应填写（　）。

A．result（x）=“偶数”　　　　B．result（x）

C．result（x）=“奇数”　　　　D．NOT result（x）

33．窗体有命令按钮 Command1 和文本框 Text1，对应的事件代码如下：

```
Private Sub Command1_Click()
   For i=1 to 4
      x=3
      For j=1 to 3
        For k=1 to 2
           x=x+3
        Next k
        Next j
   Next i
 Text1.Value=Str(x)
End Sub
```

运行以上事件过程，文本框中的输出是（　　）。

A．6　　B．12　　C．18　　D．21

34．窗体中有命令按钮 run34，对应事件代码如下：

```
Private Sub run34_Enter()
  Dim num As Integer, a As Integer, b As Integer, I As Integer
    For i=1 to 10
      Num=InputBox("请输入数据：","输入")
      If Int(num/2)=num/2 Then
         a=a+1
      Else
         b=b+1
      End If
    Next i
  MsgBox("运行结果：a="&Str(a)& ",b=",&Str(b))
End Sub
```

运行以上事件过程，所完成的功能是（　　）。

A．对输入的 10 个数据求累加和

B．对输入的 10 个数据求各自的余数，然后再进行累加

C．对输入的 10 个数据分别统计奇数和偶数的个数

D．对输入的 10 个数据分别统计整数和非整数的个数

35．运行下列程序，输入数据 8、9、3、0 后，窗体中显示结果是（　　）。

```
Private Sub Form_Click
  Dim sum as integer, m as integer
  Sum=0
  Do
    m=inputbox("输入 m")
    Sum=sum+m
  Loop Until m=0
  MsgBox sum
End Sub
```

A．0　　B．17　　C．20　　D．21

二、填空题（每空 2 分，共 30 分）

请将每一个空的正确答案写在答题卡【1】～【15】序号的横线上，答在试卷上不得分。

1．一个栈的初始状态为空，首先将元素 5、4、3、2、1 依次入栈，然后退栈一次，再将元素 A、B、C、D 依次入栈，之后将所有元素全部退栈，则所有元素退栈（包括中间退栈的元素）的顺序为___【1】___。

2．在长度为 n 的线性表中，寻找最大项至少需要比较___【2】___次。

3．一棵二叉树有 10 个度为 1 的结点，7 个度为 2 的结点，则该二叉树共有___【3】___个结点。

4．仅由顺序、选择（分支）和重复（循环）结构构成的程序是___【4】___程序。

5．数据库设计的四个阶段是：需求分析、概念设计，逻辑设计和___【5】___。

6．如果要求在执行查询时通过输入的学号查询学生信息，可以采用___【6】___查询。

7．Access 中产生的数据访问页会保存在独立文件中，其文件格式是___【7】___。

8．可以通过多种方法执行宏：在其他宏中调用该宏；在 VBA 程序中调用该宏；___【8】___发生时触发该宏。

9．在 VBA 中要判断一个字段的值是否为 Null，应该使用的函数是___【9】___。

10.下列程序的功能是求方程：$x^2+y^2=1000$ 的所有整数解。请在空白处填入适当的语句，使程序完成指定的功能。

```
Private Sub Command1_Click()
  Dim x as integer, y as integer
  For x=-34 to 34
  For y=-34 to 34
      If ___【10】___ Then
        Debug.print x,y
      End If
    Next y
  Next x
End Sub
```

11．下列程序的功能是求算式：1+1/2!+1/3!+1/4!+……前 10 项的和（其中 n！的含义是 n 阶乘）。请在空白处填入适当的语句，使程序完成指定的功能。

```
Private Sub Command1_Click()
  Dim i as integer, s as single, a as single
  a=1:s=0
  For i=1 to 10
  a=___【11】___
  s=s+a
 Next i
 Debug.Print"1+1/2!+1/3!+…="; s
 End Sub
```

12．在窗体中有一个名为 Command2 的命令按钮，Click 事件功能是：接收从键盘输入的 10 个大于 0 的不同整数，找出其中的最大值和对应的输入位置。请在空白处填入适当语句，使程序可以完成指定的功能。

```
Private Sub Command2_Click()
  Max=0
  Maxn=0
  For i=1 to 10
  Num=Val(InputBox("请输入第"& i &"个大于 0 整数："))
  If ____【12】____ Then
  Max=num
  Maxn= ____【13】____
 End If
 Next i
MsgBox("最大值为第"&maxn&"个输入的"&max)
End Sub
```

13．数据库的“职工基本情况表”有“姓名”和“职称”等字段，要分别统计教授、副教授和其他人员的数量。请在空白处填入适当语句，使程序可以完成指定的功能。

```
Private Sub Commond5_Click()
  Dim db As DAO.Datebase
  Dim rs as DAO.Recordset
  Dim zc as DAO.Field
  Dim Countl as integer, Count2 as integer, Count3 as integer
  Set db=CurrentDb()
  Set rs=db.OpenRecordset("职工基本情况表")
  Set zc=rs.Fields("职称")
  Count1=0:Count2=0:Count3=0
  Do While Not ____【14】____
Select Case zc
  Case Is="教授"
Count1=Count1+1
  Case Is="副教授"
Count2=Count2+1
  Case Else
Count3=Count3+1
End Select
____【15】____
Loop
Rs.Close
Set rs=Nothing
Set db=Nothing
MsgBox "教授："&Count1&"，副教授："&Count2&"，其他："&Count3
End Sub
```

2010 年 3 月全国计算机等级考试 Access 二级笔试试卷

一、选择题（每小题 2 分，共 70 分）

下列各题 A、B、C、D 四个选项中，只有一个选项是正确的。请将正确选项填涂在答题卡相应位置上，答在试卷上不得分。

1．下列叙述中，正确的是（　　）。

A．对长度为 n 的有序链表进行查找，最坏情况下需要的比较次数为 n

B．对长度为 n 的有序链表进行对分查找，最坏情况下需要的比较次数为(n/2)

C．对长度为 n 的有序链表进行对分查找，最坏情况下需要的比较次数为($\log_2 n$)

D．对长度为 n 的有序链表进行对分查找，最坏情况下需要的比较次数为($n\log_2 n$)

2．算法的时间复杂度是指（　　）。

A．算法的执行时间

B．算法所处理的数据量

C．算法程序中的语句或指令条数

D．算法在执行过程中所需要的基本运算次数

3．软件按功能可以分为：应用软件、系统软件和支撑软件（或工具软件）。下面属于系统软件的是（　　）。

A．编辑软件　　B．操作系统

C．教务管理系统　　D．浏览器

4．软件（程序）调试的任务是（　　）。

A．诊断和改正程序中的错误　　B．尽可能多地发现程序中的错误

C．发现并改正程序中的所有错误　　D．确定程序中的错误的性质

5．数据流程图（DFD 图）是（　　）。

A．软件概要设计的工具　　B．软件详细设计的工具

C．结构化方法的需求分析工具　　D．面向对象方法的需求分析工具

6．软件生命周期可分为定义阶段、开发阶段和维护阶段。详细设计属于（　　）。

A．定义阶段　　B．开发阶段

C．维护阶段　　D．上述三个阶段

7．数据库管理系统中负责数据模式定义的语言是（　　）。

A．数据定义语言　　B．数据管理语言

C．数据操纵语言　　D．数据控制语言

8．在学生管理的关系数据库中，存取一个学生信息的数据单位是（　　）。

A．文件　　B．数据库

C．字段　　D．记录

9．数据库设计中，用E-R图来描述信息结构但不涉及信息在计算机中的表示，它属于数据库设计的（　　）。

A．需求分析阶段　　B．逻辑设计阶段

C．概念设计阶段　　D．物理设计阶段

10．有两个关系R和T如下：

R

A	B	C
a	1	2
b	2	2
c	3	2
d	3	2

T

A	B	C
c	3	2
d	3	2

则由关系R得到关系T的操作是（　　）。

A．选择　　B．投影　　C．交　　D．并

11．下列关于关系数据库中数据表的描述，正确的是（　　）。

A．数据表相互之间存在联系，但用独立的文件名保存

B．数据表相互之间存在联系，是用表名表示相互间的联系

C．数据表相互之间存在联系，完全独立

D．数据表既相对独立，又相互联系

12．下列对数据输入无法起到约束作用的是（　　）。

A．输入掩码　　B．有效性规则

C．字段名称　　D．数据类型

13．Access中，设置为主键的字段（　　）。

A．不能设置索引

B．可设置为“有（有重复）”索引

C．系统自动设置索引

D．可设置为“无”索引

14．输入掩码字符“&”的含义是（　　）。

A．必须输入字母或数字

B．可以选择输入字母或数字

C．必须输入一个任意的字符或一个空格

D．可以选择输入任意的字符或一个空格

15．在Access中，如果不想显示数据表中的某些字段，可以使用的命令是（　　）。

A．隐藏　　B．删除　　C．冻结　　D．筛选

16．通配符“#”的含义是（　　）。

A．通配任意个数的字符　　B．通配任何单个字符

C．通配任意个数的数字字符　　D．通配任何单个数字字符

17．若要求在文本框中输入文本时达到密码“*”的显示效果，则应该设置的属性是（　　）。

A．默认值　　B．有效性文本

C．输入掩码　　D．密码

18．假设“公司”表中有编号、名称、法人等字段，查找公司名称中有“网络”二字的公司信息，正确的命令是（　　）。

A．Select * From 公司 For 名称="*网络*"

B．Select * From 公司 For 名称 Like "*网络*"

C．Select * From 公司 Where 名称="*网络*"

D．Select * From 公司 Where 名称 Like "*网络*"

19．利用对话框提示用户输入查询条件，这样的查询属于（　　）。

A．选择查询　　B．参数查询

C．操作查询　　D．SQL 查询

20．在 SQL 查询中 Group By 的含义是（　　）。

A．选择行条件　　B．对查询进行排序

C．选择列字段　　D．对查询进行分组

21．在调试 VBA 程序时，能自动被检查出来的错误是（　　）。

A．语法错误　　B．逻辑错误

C．运行错误　　D．语法错误和逻辑错误

22．为窗体或报表的控件设置属性值的正确宏操作命令是（　　）。

A．Set　　B．SetData

C．SetValue　　D．SetWarnings

23．在已建窗体中有一命令按钮（名为 Command1），该按钮的单击事件对应的 VBA 代码为：

```
Private Sub Command1_Click()
subT.Form.RecordSource="select * from 雇员"
End Sub
```

单击该按钮实现的功能是（　　）。

A．使用 Select 命令查找“雇员”表中的所有记录

B．使用 Select 命令查找并显示“雇员”表中的所有记录

C．将 subT 窗体的数据来源设置为一个字符串

D．将 subT 窗体的数据来源设置为“雇员”表

24．在报表设计过程中，不适合添加的控件是（　　）。

A．标签控件　　B．图形控件

C．文本框控件　　D．选项组控件

25．下列关于对象“更新前”事件的叙述中，正确的是（　　）。

A．在控件或记录的数据变化后发生的事件

B．在控件或记录的数据变化前发生的事件

C．当窗体或控件接收到焦点时发生的事件

D．当窗体或控件失去了焦点时发生的事件

26．下列属于通知或警告用户的命令是（　　）。

A．PrintOut　　B．OutputTo

C．MsgBox　　D．RunWarning

27．能够实现从指定记录集里检索特定字段值的函数是（　　）。

A．Nz B．Find C．LookUp D．DLookup

28．如果 X 是一个正实数，保留两位小数，将千分位四舍五入的表达式是（ ）。

A．0.01*Int(X+0.05) B．0.01*Int(100*(X+0.005))

C．0.01*Int(X+0.005) D．0.01*Int(100*(X+0.05))

29．在模块的声明部分使用“Option Base 1”语句，然后定义二维数组 A(2 to 5,5)，则该数组的元素个数为（ ）。

A．20 B．24 C．25 D．36

30．由“For i=1 To 9 Step -3”决定的循环结构，其循环体将被执行（ ）。

A．0 次 B．1 次 C．4 次 D．5 次

31．在窗体上有一个命令按钮 Command1 和一个文本框 Text1，编写事件代码如下：

```
Private Sub Command1_Click()
  Dim i, j, x
  For i=1 to 20 step 2
    x=0
    For j=i to 20 step 3
      x=x+1
    Next j
  Next i
  Text1.Value=str(x)
End.Sub
```

打开窗体运行后，单击命令按钮，文本框中显示的结果是（ ）。

A．1 B．7 C．17 D．400

32．在窗体上有一个命令按钮 Command1，编写事件代码如下：

```
Private Sub Command1_Click()
  Dim y as integer
  y=0
  Do
    y= inputBox("y=")
    If (y Mod 10)+ Int(y/10)=10 Then Debug.Print y;
  Loop Until y=0
End Sub
```

打开窗体运行后，单击命令按钮，依次输入 10、37、50、55、64、20、28、19、-19、0，立即窗口上输出的结果是（ ）。

A．37 55 64 28 19 19 B．10 50 20

C．10 50 20 0 D．37 55 64 28 19

33．在窗体上有一个命令按钮 Command1，编写事件代码如下：

```
Private Sub Command1_Click()
  Dim x as integer, y as integer
  x=12:y=32
  Call Proc(x,y)
  Debug.Print x; y
End Sub
Public Sub Proc(n as integer, Byval m as integer)
  n=n Mod 10
```

```
    m=m Mod 10
End Sub
```

打开窗体运行后，单击命令按钮，“立即窗口”上输出的结果是（　　）。

A．2　32　　B．12　3　　C．2　2　　D．12　32

34．在窗体上有一个命令按钮 Command1，编写事件代码如下：

```
Private Sub Command1_Click()
    Dim d1 as Date
    Dim d2 as Date
    d1=#12/25/2009#
    d2=#1/5/2010#
    MsgBox DateDiff("ww",d1,d2)
End Sub
```

打开窗体运行后，单击命令按钮，消息框中输出的结果是（　　）。

A．1　　B．2　　C．10　　D．11

35．下列程序段的功能是实现“学生”表中“年龄”字段值加 1

```
Dim Str as string
    Str="__________"
Docmd.RunSQL Str
```

空白处应填入的程序代码是（　　）。

A．年龄=年龄+1　　B．Update 学生 Set 年龄=年龄+1

C．Set 年龄=年龄+1　　D．Edit 学生 Set 年龄=年龄+1

二、填空题（每空 2 分，共 30 分）

请将每一个空的正确答案写在答题卡【1】～【15】序号的横线上，答在试卷上不得分。

1．一个队列的初始状态为空。现将元素 A、B、C、D、E、F、5、4、3、2、1 依次入队，然后再依次退队，则元素退队的顺序为＿＿【1】＿＿。

2．设某循环队列的容量为 50，如果头指针 front=45（指向队头元素的前一位置），尾指针 rear=10（指向队尾元素），则该循环队列中共有＿＿【2】＿＿个元素。

3．设二叉树如下：

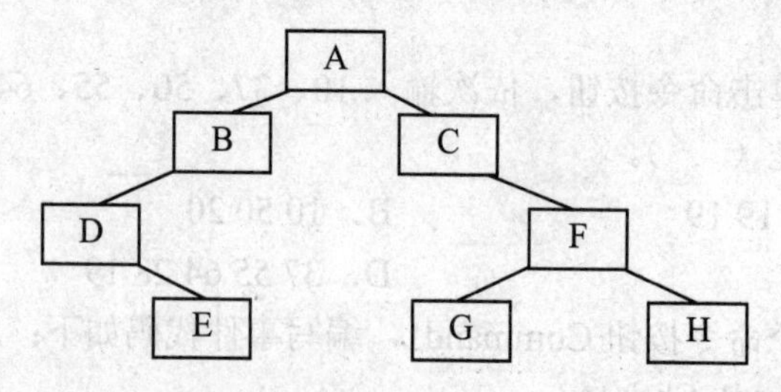

对该二叉树进行后序遍历的结果为＿＿【3】＿＿。

4．软件是＿＿【4】＿＿、数据和文档的集合。

5．有一个学生选课的关系，其中学生的关系模式为：学生（学号，姓名，班级，年龄），课程的关系模式为：课程（课号，课程名，学时），其中两个关系模式的键分别是学号和课号，则关系模式选课可定义为：选课（学号，＿＿【5】＿＿，成绩）。

6．窗体上有一个命令按钮（名称为 Command1）和一个选项组（名称为 Frame1），选项组上显示 Frame1 文本的标签控件名称为 Label1，若将选项组上显示文本 Frame1 改为汉字“性别”，应使用的语句是__【6】__。

7．在当前窗体上，若要实现将焦点移动到指定控件，应使用的宏操作命令是__【7】__。

8．使用向导创建数据访问页时，在确定分组级别步骤中最多可设置__【8】__个分组字段。

9．在窗体文本框 Text1 中输入“456AbC”后，“立即窗口”上输出的结果是__【9】__。

```
Private Sub Text1_KeyPress(KeyAscii as integer)
  Select case KeyAscii
    Case 97 to 122
      Debug.Print Ucase(Chr(KeyAscii));
    Case 65 to 90
      Debug.Print Lcase(Chr(KeyAscii));
    Case 48 to 57
      Debug.Print Chr(KeyAscii);
    Case Else
 KeyAscii=0
  End Select
End Sub
```

10．在窗体上有一个命令按钮 Command1，编写事件代码如下：

```
Private Sub Command1_Click()
   Dim a(10), P(3) as integer
   k=5
   For i=1 to 10
    a(i)=i*i
   Next i
   For i=1 to 3
    k=k+p(i)*2
  Next i
  MsgBox k
End Sub
```

打开窗体运行后，单击命令按钮，消息框中输出的结果是__【10】__。

11．下列程序的功能是找出被 5、7 除，余数为 1 的最小的 5 个正整数。请在程序空白处填入适应的语句，使程序可以完成指定的功能。

```
Private Sub Form_Click()
  Dim Ncount%,n%
  Ncount=0
  n=1
  Do
   n=n+1
  If __【11】__ Then
    Debug.Print n
    Ncount=Ncount+1
   End If
  Loop Until Ncount=5
End Sub
```

12．以下程序的功能是在立即窗口中输出 100 到 200 之间所有的素数，并统计输出素数的个数。请在程序空白处填入适当的语句，使程序可以完成指定的功能。

```
Private Sub Command2_Click()
  Dim i%, j%, k% ,t%     't 为统计素数的个数
  Dim b as Boolean
 For i=100 to 200
   b=True
   k=2
   j=Int(Sqr(i))
 Do While k<=j and b
  If i Mod k=0 Then
     b=  【12】
  End If
 k=  【13】
 Loop
 If b=True Then
          t=t+1
          Debug.Print i
 End If
 Next i
 Debug.Print "t="; t
End Sub
```

13．数据库中有工资表，包括“姓名”、“工资”和“职称”等字段，现要对不同职工增加工资，规定教授职称增加 15%，副教授职称增加 10%，其他人员增加 5%。下列程序的功能是按照上述规定调整每位职工的工资，并显示所涨工资的总和。请在空白处填入适当的语句，使程序可以完成指定的功能。

```
Private Sub Command5_Click()
  Dim ws as DAO.Workspace
  Dim db as DAO.Database
  Dim rs as DAO.Recordset
  Dim gz as DAO.Field
  Dim zc as DAO.Field
  Dim sum as DAO.Currency
  Dim rate as DAO.Single
  Set db=CurrentDb()
  Set rs=db.OenRecordset("工资表")
  Set gz=rs.Fields("工资")
  Set zc=rs.Fields("职称")

  sum=0
  Do While Not  【14】
  rs.Edit
  Select Case zc
    case Is="教授"
        Rate=0.15
    case Is="副教授"
        Rate=0.1
    case else
```

```
        Rate=0.05
    End select

    sum=sum+gz*rate
    gz=gz+gz*rate
      【15】
    rs.MoveNext
    Loop
    rs.Close
    db.Close
    Set rs=Noting
    Set db=Nothing
    MsgBox "涨工资总计："& sum
End Sub
```

2009年9月全国计算机等级考试 Access二级笔试试卷

一、选择题（每小题2分，共70分）

下列各题A、B、C、D四个选项中，只有一个选项是正确的。请将正确选项填涂在答题卡相应位置上，答在试卷上不得分。

1．下列数据结构中，属于非线性结构的是（　　）。

A．循环队列　　B．带链队列　　C．二叉树　　D．带链栈

2．下列数据结构中，能够按照“先进后出”原则存取数据的是（　　）。

A．循环队列　　B．栈　　C．队列　　D．二叉树

3．对于循环队列，下列叙述中正确的是（　　）。

A．队头指针是固定不变的

B．队头指针一定大于队尾指针

C．队头指针一定小于队尾指针

D．队头指针可以大于队尾指针，也可以小于队尾指针

4．算法的空间复杂度是指（　　）。

A．算法在执行过程中所需要的计算机存储空间

B．算法所处理的数据量

C．算法程序中的语句或指令条数

D．算法在执行过程中所需要的临时工作单元数

5．软件设计中划分模块的一个准则是（　　）。

A．低内聚低耦合　　B．高内聚低耦合

C．低内聚高耦合　　D．高内聚高耦合

6．下列选项中不属于结构化程序设计原则的是（　　）。

A．可封装　　B．自顶向下　　C．模块化　　D．逐步求精

7．软件详细设计产生的图如下：

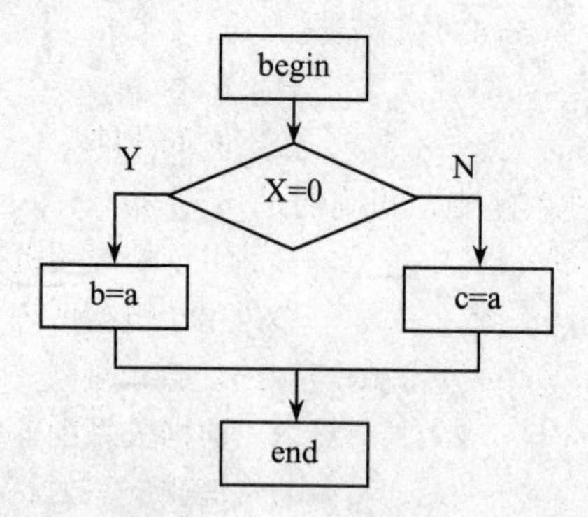

该图是（　　）。

A．N-S图　　B．PAD图　　C．程序流程图　　D．E-R图

8．数据库管理系统是（　　）。

A．操作系统的一部分　　B．在操作系统支持下的系统软件

C．一种编译系统　　D．一种操作系统

9．在E-R图中，用来表示实体联系的图形是（　　）。

A．椭圆形　　B．矩形　　C．菱形　　D．三角形

10．有三个关系R、S和T如下：

R

A	B	C
a	1	2
b	2	1
c	3	1

S

A	B	C
d	3	2

T

A	B	C
a	1	2
b	2	1
c	3	1
d	3	2

其中关系T由关系R和S通过某种操作得到，该操作是（　　）。

A．选择　　B．投影　　C．交　　D．并

11．Access数据库的结构层次是（　　）。

A．数据库管理系统→应用程序→表

B．数据库→数据表→记录→字段

C．数据表→记录→数据项→数据

D．数据表→记录→字段

12．某宾馆中有单人间和双人间两种客房，按照规定，每位入住该宾馆的客人都要进行身份登记。宾馆数据库中有客房信息表（房间号，…）和客人信息表（身份证号，姓名，来源，…）；为了反映客人入住客房的情况，客户信息表与客人信息表之间的联系应设计为（　　）。

A．一对一联系　　B．一对多联系

C．多对多联系　　D．无联系

13．在学生表中要查找所有年龄小于20岁且姓王的男生，应采用的关系运算是（　　）。

A．选择　　B．投影　　C．连接　　D．比较

14．在Access中，可用于设计输入界面的对象是（　　）。

A．窗体　　B．报表　　C．查询　　D．表

15．下列选项中，不属于Access数据类型的是（　　）。

A．数字　　B．文本

C．报表　　D．时间/日期

16．下列关系OLE对象的叙述中，正确的是（　　）。

A．用于输入文本数据　　B．用于处理超链接数据

C．用于生成自动编号数据　　D．用于链接或内嵌Windows支持的对象

17．在关系窗口中，双击两个表之间的连接线，会出现（　　）。

A．数据表分析向导　　B．数据关系图窗口

C．连接线粗细变化　　D．编辑关系对话框

18．在设计表时，若输入掩码属性设置为“LLLL”，则能够接收的输入是（　　）。

A．abcd　　B．1234　　C．AB+C　　D．ABa9

19．在数据表中筛选记录，操作的结果是（　　）。

A．将满足筛选条件的记录存入一个新表中

B．将满足筛选条件的记录追加到一个表中

C．将满足筛选条件的记录显示在屏幕上

D．用满足筛选条件的记录修改另一个表中已存在的记录

20．已知“借阅”表中有“借阅编号”、“学号”和“借阅图书编号”等字段，每个学生每借阅一本书生成一条记录，要求按学生学号统计出每个学生的借阅次数，下列 SQL 语句中，正确的是（　　）。

A．Select 学号，Count(学号)From 借阅

B．Select 学号，Count(学号)From 借阅 Group By 学号

C．Select 学号，Sum(学号)From 借阅

D．Select 学号，Count(学号)From 借阅 Order By 学号

21．在学生借书数据库中，已有“学生”表和“借阅”表，其中“学生”表含有“学号”、“姓名”等信息，“借阅”表含有“借阅编号”、“学号”等信息。若要找出没有借过书的学生记录，并显示其“学号”和“姓名”，则正确的查询设计是（　　）。

A．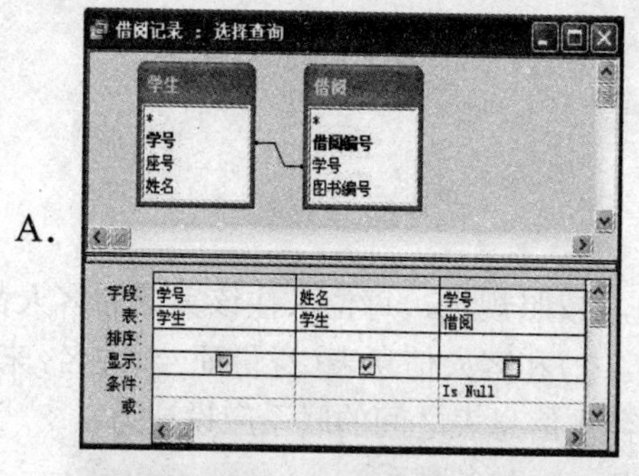

B．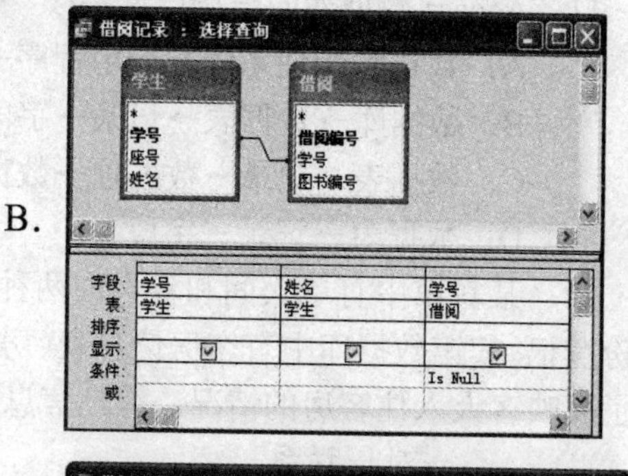

C．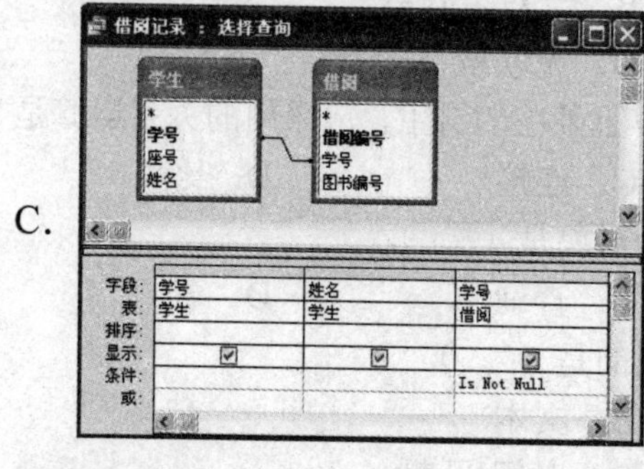

D．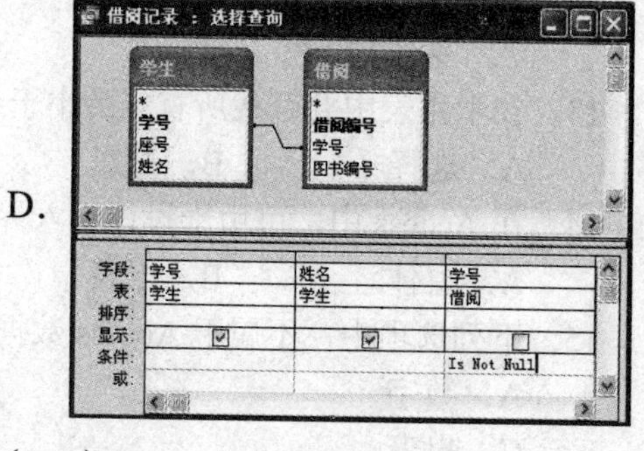

22．启动窗体时，系统首先执行的事件过程是（　　）。

A．Load　　B．Click　　C．Unload　　D．GotFocus

23．在设计报表的过程中，如果要进行强制分页，应使用的工具图标是（　　）。

A．　　B．　　C．　　D．

24．下列操作中，适合使用宏的是（　　）。

A．修改数据表结构　　B．创建自定义过程

C．打开或关闭报表对象　　D．处理报表中错误

25．执行语句：MsgBox "AAAA"，vbOKCancel+vbQuestion，"BBBB"之后，弹出的信息框（　　）。

A．标题为“BBBB”，框内提示符为“惊叹号”，提示内容为“AAAA”

B．标题为“AAAA”，框内提示符为“惊叹号”，提示内容为“BBBB”

C．标题为“BBBB”，框内提示符为“问号”，提示内容为“AAAA”

D．标题为“AAAA”，框内提示符为“问号”，提示内容为“BBBB”

26．窗体中有 3 个命令按钮，分别命名为 Command1、Command2 和 Command3。当单击 Command1 按钮变为可用，Command3 按钮变为不可见。下列 Command1 的单击事件过程中，正确的是（　　）。

A．
```
Private Sub Command1_Click()
Command2.Visible=True
Command3.Visible=False
End Sub
```
B．
```
Private Sub Command1_Click()
Command2.Enabled=True
Command3.Enabled=False
End Sub
```
C．
```
Private Sub Command1_Click()
Command2.Enabled=True
Command3.Visible=False
End Sub
```
D．
```
Private Sub Command1_Click()
Command2.Visible=True
Command3.Enabled=False
End Sub
```

27．用于获得字符串 S 最左边 4 个字符的函数是（　　）。

A．Left(S,4)　　B．Left(S,1,4)

C．Leftstr(S,4)　　D．Leftstr(S,1,4)

28．窗体 Caption 属性的作用是（　　）。

A．确定窗体的标题　　B．确定窗体的名称

C．确定窗体的边界类型　　D．确定窗体的字体

29．下列叙述中，错误的是（　　）。

A．宏能够一次完成多个操作　　B．可以将多个宏组成一个宏组

C．可以用编程的方法来实现宏　　D．宏命令一般由动作名和操作参数组成

30．下列数据类型中，不属于 VBA 的是（　　）。

A．长整型　　B．布尔型

C．变体型　　D．指针型

31．下列数组声明语句中，正确的是（　　）。

A．Dim A[3,4] as integer　　B．Dim A(3,4) as integer

C．Dim A[3;4] as integer　　D．Dim A(3;4) as integer

32．在窗体中有一个文本框 Text1，编写事件代码如下：

```
Private Sub Form_Click()
x=Val(inputbox("输入 x 的值"))
y=1
  If x<>0 Then y=2
Text1.Value=y
End Sub
```

打开窗体运行后，在输入框中输入整数 12，文本框 Text1 中输出的结果是（　）。

A．1　　B．2　　C．3　　D．4

33．在窗体中有一个命令按钮 Command1 和一个文本框 Text1，编写事件代码如下：

```
Private Sub Command1_Click()
  For i=1 to 4
    x=3
    For j=1 to 3
      For k=1 to 2
        x=x+3
      Next k
    Next j
  Next i
  Text1.Value=Str(x)
End Sub
```

打开窗体运行后，单击命令按钮，文本框 Text1 输出的结果是（　）。

A．6　　B．12　　C．18　　D．21

34．在窗体中有一个命令按钮 Command1，编写事件代码如下：

```
Private Sub Command1_Click()
  Dim s As integer
  s=p(1)+p(2)+p(3)+p(4)
  Debug.print s
End Sub
Public Function P(n as integer)
   Dim Sum as integer
   sum=0
   For i=1 to n
  sum=sum+1
  Next i
  p=sum
End Function
```

打开窗体运行后，单击命令按钮，输出结果是（　）。

A．15　　B．20　　C．25　　D．35

35．下列过程的功能是：通过对象变量返回当前窗体的 Recordset 属性记录集引用，消息框中输出记录集的记录（即窗体记录源）个数。

```
Sub GetRecNum()
Dim rs as object
set rs=Me.Recordset
MsgBox____________
End Sub
```

程序空白处应填写的是（　　）。

A．Count　　B．rs.Count　　C．RecordCount　　D．rs.RecordCount

二、填空题（每空 2 分，共 30 分）

请将每一个空的正确答案写在答题卡【1】～【15】序号的横线上，答在试卷上不得分。

1．某二叉树有 5 个度为 2 的结点以及 3 个度为 1 的结点，则该二叉树中共有＿【1】＿个结点。

2．程序流程图中的菱形框表示的是＿【2】＿。

3．软件开发过程中主要分为需求分析、设计、编码与测试四个阶段，其中＿【3】＿阶段产生“软件需求规格说明书”。

4．在数据库技术中，实体集之间的联系可以是一对一或一对多或多对多的，那么“学生”和“可选课程”的联系为＿【4】＿。

5．人员基本信息一般包括：身份证号、姓名、性别、年龄等。其中可以作为主关键字的是＿【5】＿。

6．Access 中若要将数据库中的数据发布到网上，应采用的对象是＿【6】＿。

7．在一个查询集中，要将指定的记录设置为当前记录，应该使用的宏操作命令是＿【7】＿。

8．当文本框中的内容发生了改变时，触发的事件名称是＿【8】＿。

9．在 VBA 中求字符串的长度可以使用函数＿【9】＿。

10．要将正实数 x 保留两位小数，若采用 int 函数完成，则表达式为＿【10】＿。

11．在窗体中有两个文本框分别是 Text1 和 Text2，一个命令按钮 Command1，编写如下两个事件过程：

```
Private Sub Command1_Click()
    a=Text1.Value+Text2.Value
    MsgBox a
End Sub
Private Sub Form_Load()
    Text1.Value=""
    Text2.Value=""
End Sub
```

程序运行时，在文本框 Text1 中输入 78，在文本框 Text2 中输入 87，单击命令按钮，消息框中输出的结果为＿【11】＿。

12．某次大奖赛有 7 个评委同时为一位选手打分，去掉一个最高分和一个最低分，其余 5 个分数的平均值为该名参赛者的最后得分。请填空完成规定的功能。

```
Sub Command1_click()
    Dim mark!, aver!, i%, max1!, min1!
    aver=0
    For i=1 to 7
      mark=InputBox("请输入第"&i&"位评委的打分")
      If i=1 Then
        max1=mark:min1=mark
      Else
        If mark<min1 Then
          min1=mark
```

```
            ElseIf mark>max1Then
              【12】
            EndIf
          EndIf
            【13】
        Next i
        aver=(aver-max1-min1)/5
        MsgBox aver
    End Sub
```

13．“学生成绩”表含有字段（学号，姓名，数学，外语，专业，总分）。下列程序段功能是：计算每名学生的总分（总分=数学+外语+专业）。请在程序空白处填入适当语句，使程序实现所需要的功能。

```
    Private Sub Command1_Click()
      Dim cn as new ADODB.Connection
      Dim rs as new ADODB.Recordset
      Dim zongfen as ADODB.Field
      Dim shuxue as ADODB.Field
      Dim waiyu as ADODB.Field
      Dim zhuanye as ADODB.Field
      Dim strSQL as String
      Set cn=CurrentProject.Connection
      strSQL="select * from 成绩表"
      rs.openstrSQL,cn,adOpenDynamic,adLockOptimistic,adCmdTest
      Set zongfen=rs.Fields("总分")
      Set shuxue=rs.Fields("数学")
      Set waiyu=rs.Fields("外语")
      Set zhuangye=rs.Fields("专业")
      Do While 【14】
          zongfen=shuxue+waiyu+zhuanye
            【15】
          rs.MoveNext
      Loop
      rs.Close
      cn.Close
      Set rs=Nothing
      Set cn=Nothing
    End Sub
```

上机考试模拟试卷 1

一、基本操作题（30 分）

在考生文件夹下，存在一个数据库文件 samp1.mdb、一个 Excel 文件 tScore..xls 和一个图像文件 photo.bmp。在数据库文件中建立了一个表对象 tStud。试按以下操作要求，完成各种操作：

（1）设置 ID 字段为主键入并设置 ID 字段的相应属性，使该字段在数据表视图中的显示标题为“学号”；

（2）将“性别”字段的默认值属性设置为“男”，“入校时间”字段的格式属性设置为“长日期”；

（3）设置“入校时间”字段的有效性规则和有效性文本。有效性规则为：输入的入校时间必须为 9 月；有效性文本内容为：输入的月份有误，请重新输入；

（4）将学号为 20041002 学生的“照片”字段值设置为考生文件夹下的 photo.bmp 图像文件（要求使用“由文件创建”方式）；

（5）为“政治面貌”字段创建查阅列表，列表中显示“团员”、“党员”和“其他”三个值。（提示：将该字段的数据类型设置为“查阅向导”）；

（6）将考生文件夹下的 tScore..xls 文件导入到 samp1.mdb 数据库文件中，表名不变，主键为表中的 ID 字段。

二、简单应用题（40 分）

考生文件夹下存在一个数据库文件 samp2.mdb，里面已经设计好表对象 sStud、tScore 和 tCourse，试按以下要求完成设计：

（1）创建一个查询，查找党员记录，并显示“姓名”、“性别”和“入校时间”。所建查询命名为 qT1。

（2）创建一个查询，按学生姓名查找某学生的记录，并显示“姓名”、“课程名”和“成绩”。当该查询时，应显示提示信息“请输入学生姓名”。所建查询命名为 qT2。

（3）创建一个交叉表查询，统计并显示各门课程男女生的平均成绩，统计显示结果如下图所示。所建查询命名为 qT3。要求：使用查询设计视图，用已存在的数据表做查询数据源，并将计算出来的平均成绩用整数显示（使用函数）。

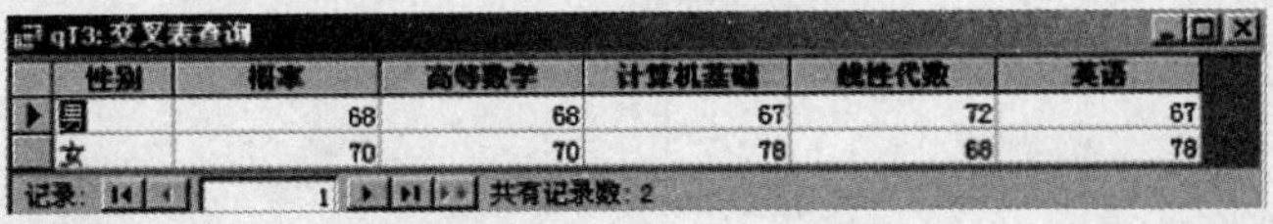

qT3: 交叉表查询

性别	概率	高等数学	计算机基础	线性代数	英语
男	68	68	67	72	67
女	70	70	78	68	78

记录：1 共有记录数：2

（4）创建一个查询，运行该查询后生成一个新表，表名为 tTemp，表结构包括“姓名”、“课程名”和“成绩”等三个字段，表内容为不及格的所有学生记录。所建查询命名为 qT4。要求创建此查询后，运行该查询，并查看运行结果。

三、综合应用题（30分）

考生文件夹下存在一个数据库文件samp3.mdb，里面已经设计好表对象tStud，同时还设计出窗体对象fStud。请在此基础上按照以下要求补充fStud窗体的设计：

（1）在窗体的“窗体页眉”中距左边0.4厘米、距上边1.2厘米处添加一个直线控件，控件宽度为10.5厘米，控件命名为tLine；

（2）将窗体中名称为1Tabel的标签控件上的文字颜色改为“蓝色”（蓝色代码为16711680）、字体名称改为“华文行楷”、字体大小改为22；

（3）将窗体边框改为“细边框”样式，取消窗体中的水平和垂直滚动条、记录选择器、导航按钮和分隔线；并且只保留窗体的关闭按钮；

（4）假设tStud表中，“学号”字段的第5位和6位编码代表该生的专业信息，当这两位编码为10时表示“信息”专业，为其他值时表示“管理”专业。设置窗体中名称为tSub的文本框控件的相应属性，使其根据“学号”字段的第5位和第6位编码显示对应的专业名称；

（5）在窗体中有一个“退出”命令按钮，名称为CmdQuit，其功能为关闭fStud窗体。请按照VBA代码中的指示将实现此功能键的代码填入指定的位置中。

注意：不允许修改窗体对象fStud中未涉及的控件、属性和任何VBA代码；不允许修改表对象tStud；程序代码只允许在“*****Add******”与“*****Add******”之间空行内补充一行语句以完成设计，不允许增删和修改其他位置已存在的语句。

上机考试模拟试卷 2

一、基本操作题（30 分）

考生文件夹下存在一个数据库文件 samp1.mdb，里面已经设计好表对象 tStud。请按照以下要求，完成对表的修改：

（1）设置数据表显示的字体大小为 14，行高为 18；

（2）设置“简历”字段的设计说明为“自上大学起的简历信息”；

（3）将“入校时间”字段的显示设置为“**月**日****”的形式；注意：要求月日为两位数显示，年四位显示，如 12 月 05 日 2005；

（4）将学号为 20011002 学生的“照片”字段数据设置成考生文件夹下的 photo.bmp 图像文件；

（5）将冻结的“姓名”字段解冻；

（6）完成上述操作后，将“备注”字段删除。

二、简单应用题（40 分）

考生文件夹下存在一个数据库文件 samp2.mdb 里面已经设计好表对象 tCourse、tSinfo、tGrade 和 tStudent，试按以下要求完成设计：

（1）创建一个查询，查找并显示“姓名”、“政治面貌”、“课程名”和“成绩”等 4 个字段的内容，所建查询名为 qT1；

（2）创建一个查询，计算每名学生所选择课程的学分总和，并显示“姓名”和“学分”，其中“学分”为计算出的学分总和，所建查询名为 qT2；

（3）创建一个查询，查找年龄小于平均年龄的学生，并显示其“姓名”，所建查询名为 qT3；

（4）创建一个查询，将所有学生的“班级编号”、“姓名”、“课程名”和“成绩”等值填入 tSinfo 表相应字段中，其中“班级编号”值是 tStudent 表中“学号”字段的前 6 位，所建查询名为 qT4。

三、综合应用题（30 分）

考生文件夹下存在一个数据库文件 samp3.mdb，里面已经设计了表对象 tEmp 和 tTemp、窗体对象 fEmp、报表对象 rEmp 和宏对象 mEmp。试在此基础上按照以下要求补充设计：

（1）将表 tTemp 中年龄小于 30 岁（不含 30）的女性职员记录选出并添加进空白表 tEmp 里；提示：可以用普通设计和追加查询运行这两种方式实现；

（2）将窗体 fEmp 的窗体标题设置为“信息输出”；将窗体上名为 btnP 命令按钮的外观设置为图片显示，图片选择考生文件夹下的 test.bmp 图像文件；将 btnP 命令按钮的单击事件设置为窗体代码区已经设计好的事件过程 btnP_Click；

（3）将报表 rEmp 的主体节区内 tName 文本框控件设置为“姓名”字段内容显示，报表中的数据按“年龄”升序排列，相同年龄情况下按“所属部门”升序排序。

注意：不允许修改数据库中的表对象 tTemp；不允许修改宏对象 mEmp 里的内容；不允许修改窗体对象 fEmp 和报表对象 rEmp 中未涉及的控件和属性。

上机考试模拟试卷 3

一、基本操作题（30 分）

在考生文件夹下，存在一个数据库文件 samp1.mdb，里边已建立两个表对象 tGrade 和 tStudent；同时还存在一个 Excel 文件 tCourse.xls。试按以下操作要求，完成表的编辑。

（1）将 Excel 文件 tCourse.xls 导入到 samp1.mdb 数据库文件中，表名称不变，设“课程编号”字段为主键；

（2）对 tGrade 表进行适当的设置，使该表中的“学号”为必填字段，“成绩”字段的输入值为非负数，并在输入出现错误时提示“成绩应为非负数，请重新输入。”；

（3）将 tGrade 表中成绩低于 60 分的记录全部删除；

（4）设置 tGrade 表的显示格式，使显示表的单元格显示效果为“凹陷”，文字字体为“宋体”，字号为 11；

（5）建立 tStudent、tGrade 和 tCourse 三表之间的关系，并实施参照完整性。

二、简单应用题（40 分）

考生文件夹下存在一个数据库文件 samp2.mdb，里面已经设计好表对象 tCourse、tSinfo、tGrade 和 tStudent，试按以下要求完成设计：

（1）创建查询，查找并显示“姓名”、“政治面貌”、“课程名”和“成绩”等四个字段的内容，所建查询名为 qT1；

（2）创建查询，计算每名学生所选课的学分总和，并依次显示“姓名”和“学分”，其中“学分”为计算出的学分总和，所建查询名为 qT2；

（3）创建查询，查找年龄小于平均年龄的学生，并显示其“姓名”，所建查询名为 qT3；

（4）创建查询，将所有学生的“班级编号”、“姓名”、“课程名”和“成绩”等值填入 tSinfo 表相应字段中，其中“班级编号”值是 tStudent 表中“学号”字段的前 6 位，所建查询名为 qT4。

三、综合应用题（30 分）

考生文件夹下存在一个数据库文件 samp3.mdb，里面已经设计好表对象 tStudent 和 tGrade，同时还设计出窗体对象 fGrade 和 fStudent。

（1）将名称为“标签 15”的标签控件名称改为 tStud，标题改为“学生成绩”；

（2）将名称为“子对象”控件的源对象属性设置为 fGrade 窗体；

（3）将 fStudent 窗体标题改为“学生信息显示”；

（4）将窗体边框改为“对话框边框”样式，取消窗体中的水平和垂直滚动条；

（5）在窗体中有一个“退出”命令按钮（名称为 bQuit），单击该按钮后，应关闭 fStudent 窗体。现已编写了部分 VBA 代码，请按照 VBA 代码中的指示将代码补充完整。

要求：修改后运行该窗体，并查看修改结果。

注意：不允许修改窗体对象 fGrade、fStudent 中未涉及的控件、属性；不允许修改表对象 tStudent 和 tGrade。对于 VBA 代码，只允许在“*********”与“*********”之间的空行内补充语句、完成设计，不允许增删和修改其他位置已存在的语句。

第 4 部分　参考答案

主教材习题参考答案

第 1 章

一、选择题

1. D　　2. A　　3. C　　4. A　　5. A

6. D　　7. D　　8. B　　9. C　　10. D

11. B　　12. A　　13. B　　14. A　　15. B

16. B　　17. A　　18. AC　　19. A

二、填空题

1. 人工管理、文件管理、数据库系统管理、对面对象数据库系统管理

2. 选择　联接　投影

3. 记录（或元组）

4. accdb

5. 关系（或关系表）

6. 一对一关系　一对多关系　多对多关系

7. 层次模型　网状模型　关系模型

8. 差

9. Access、SQL Server、Oracle

10. 表、查询、窗体、报表、宏、模块

第 2 章

一、选择题

1. A　　2. D　　3. C　　4. B　　5. A

6. A　　7. C　　8. C　　9. A　　10. C

11. C　　12. D　　13. A　　14. B　　15. D

二、填空题

1. 外部关键字　　2. LLLL　　3. 字段输入区

4. 默认值　　5. 文本　备注

第 3 章

一、选择题

1. C　　2. C　　3. C　　4. C　　5. A

6. C　　7. D　　8. B　　9. D　　10. C

11. C

二、填空题

1．更新查询　2．列标题　3．ORDER BY
4．WHERE　5．与　或　6．操作查询

第 4 章

一、选择题

1．A	2．B	3．D	4．B	5．B
6．B	7．A	8．C	9．D	10．D
11．C	12．B	13．A	14．C	15．C
16．A				

二、填空题

1．节　2．表（或数据表）　3．Form1.Caption="教学管理"
4．SQL 语句　5．列表框（或组合框）

第 5 章

一、选择题

1．B	2．D	3．A	4．A	5．C
6．D	7．A	8．B	9．B	10．A
11．C	12．A	13．B		

二、填空题

1．相等　2．分页符　3．表名或查询名　4．主体
5．等号“=”　6．直线或矩形　7．排序与分组

第 6 章

一、选择题

1．D	2．D	3．B	4．D	5．C
6．B	7．C	8．D	9．D	10．A
11．C	12．C	13．D	14．A	15．C

二、填空题

1．OpenTable　2．OpenReport　3．Beep
4．操作　5．宏组名.宏名　6．排列次序

第 7 章

一、选择题

1．A	2．B	3．A	4．C	5．A
6．A	7．B	8．B	9．C	10．D

二、程序设计题

1．第 1 题：

（1）窗体界面：

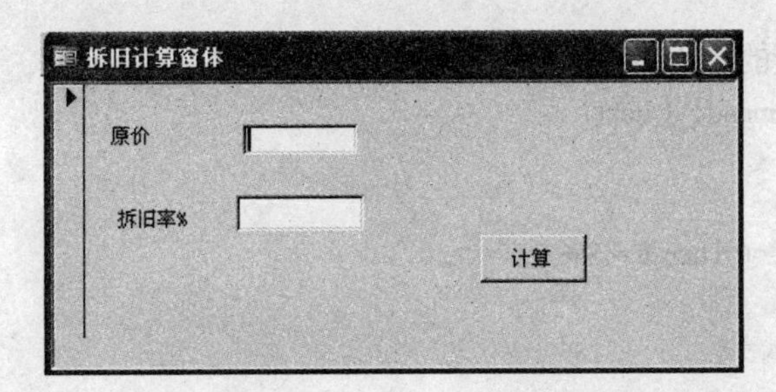

（2）在标签为“原价”的文本框中输入 1（万元），在标签为“拆旧率%”的文本框中输入 4，单击“计算”按钮。结果界面如下：

（3）“计算”按钮的事件代码：

```
Private Sub Command1_Click()
    s = Text1.Value
    i = 0
        While s > Text1.Value/2
        s = s * (1 - Text2.Value/100)
        i = i + 1
    Wend
    MsgBox i
End Sub
```

2．第 2 题

（1）窗体界面：

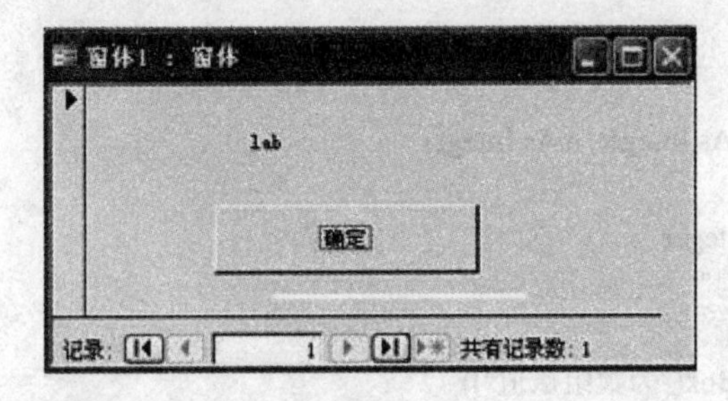

（2）单击“确定”按钮后，运行结果界面如下：

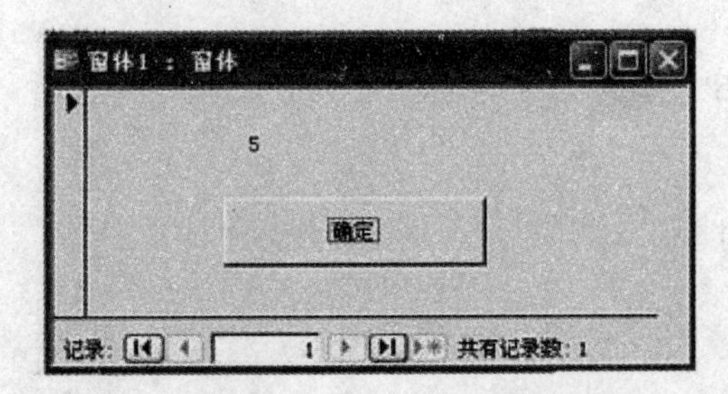

（3）“确定”按钮的事件代码：

```
Private Sub Command1_Click()
  S = 0
  For i = 1 To 15
      If i Mod 3 = 0 Then S = S + 1
  Next
  Label0.Caption = S
End Sub
```

3．第 3 题

求阶乘函数代码：

```
Public Function jn(n As Integer)
Dim i As Integer, k As Integer
 If n = 0 Or n = 1 Then
     k = 1
 Else
    k = 1
    For i = 1 To n
       k = k * i
    Next i
 jn = k
 End If
End Function
```

主子程序代码：

```
Public Sub gjn()
Dim k1 As Integer, k2 As Integer
k1 = Val(InputBox("输入 n"))
k2 = jn(k1)
MsgBox k2
End Sub
```

4．第 4 题代码

```
Public Sub ov()
Dim i As Integer, k As Integer, n As Integer
n = 5
Dim a(1 To 5) As Integer
Debug.Print "逆序前";
For i = 1 To n
    a(i) = Val(InputBox("为数组赋值"))
    Debug.Print a(i);
Next i
Debug.Print
Debug.Print "逆序后";
For i = 1 To (n \ 2)
    k = a(i)
    a(i) = a(n - i + 1)
    a(n - i + 1) = k
Next i
For i = 1 To n
```

```
        Debug.Print a(i);
    Next i
    End Sub
```

5．第5题代码

```
    Public Sub tt2()
    Dim i As Integer, j As Integer, k As Integer, h As Integer
    For i = 1 To 9
      For j = 1 To 12
        k = 36 - i - j
        h = (i * 4 + j * 3 + k * 0.5)
          If h = 36 Then
          Debug.Print i, j, k      '结果为 3, 3, 30
        End If
        Debug.Print
      Next j
    Next i
    End Sub
```

2010年9月全国计算机等级考试Access二级笔试参考答案

一、选择题

1．B	2．C	3．D	4．A	5．A
6．D	7．D	8．C	9．C	10．A
11．B	12．D	13．A	14．C	15．B
16．D	17．D	18．B	19．A	20．B
21．A	22．D	23．D	24．A	25．A
26．A	27．C	28．C	29．B	30．C
31．D	32．B	33．D	34．C	35．C

二、填空题

1．1、D、C、B、A、2、3、4、5　　2．1 或者 n-1

3．25　　4．结构化

5．物理设计　　6．参数

7．HTML 或 HTML 文件　　8．事件

9．ISNULL 或 ISNULL（表达式）　　10．x^2+y^2=1000 或 x*x+y*y=1000

11．a/i　　12．num>max 或 max<num

13．i　　14．rs.EOF()

15．rs.MoveNext

2010年3月全国计算机等级考试Access二级笔试参考答案

一、选择题

1．A	2．D	3．B	4．A	5．C

6．B　7．A　8．D　9．A　10．A
11．D　12．C　13．C　14．C　15．A
16．D　17．C　18．D　19．B　20．D
21．A　22．C　23．D　24．D　25．B
26．C　27．D　28．B　29．B　30．A
31．A　32．D　33．A　34．B　35．B

二、填空题

1．A、B、C、D、E、F、5、4、3、2、1
2．15
3．EDBGHFCA
4．程序
5．课号
6．Label1.Caption="性别"
7．SetFocus
8．4
9．456aBc
10．201
11．n Mod 5=1 and n Mod 7=1
12．false
13．k+1
14．rs.EOF
15．rs.update

2009 年 9 月全国计算机等级考试 Access 二级笔试参考答案

一、选择题

1．C　2．B　3．D　4．A　5．B
6．A　7．C　8．B　9．C　10．D
11．B　12．B　13．A　14．A　15．C
16．D　17．D　18．A　19．C　20．B
21．A　22．A　23．D　24．C　25．C
26．C　27．A　28．A　29．A　30．D
31．B　32．B　33．D　34．B　35．D

二、填空题

1．14
2．条件判断
3．需求分析
4．多对多
5．身份证号
6．数据访问页
7．GoToRecord
8．Change
9．Len
10．Int(x*100)/100
11．7887
12．max1=mark
13．aver=aver+mark
14．NOT rs.EOF
15．rs.update

上机考试模拟试卷 1 参考答案

一、基本操作题

打开考生文件夹中的 samp1.mdb，按下面步骤进行操作：

（1）、（2）在表对象中，选择表 tStud，单击“设计”按钮，选择 ID 字段，右键设置为“主键”，设置 ID 字段的“标题”属性为“学号”；选择“性别”字段，将其“默认值”属性设置为“男”，选择“入校时间”字段，将其“格式”属性设置为“长日期”。

（3）选择“入校时间”字段，将其“有效性规则”设置为“Month([入校时间])=9”，将其“有效性文本”设置为“输入的月份有误，请重新输入”。

（4）打开表 tStud，选中学号为 20041002 的记录，在“照片”列，右击选择“插入对象”，在弹出的界面中，选择“由文件创建”，选择考生文件夹下 photo.bmp，单击“确定”。

（5）在表对象中，选择表“tStud”，单击“设计”按钮，选择“政治面貌”字段，在“数据类型”中选择“查阅向导”，在弹出的对话框中选择“自行键入所需要的值”，单击“下一步”，将“列数”改为 3，并且分别在单元格中输入“团员”、“党员”和“其他”，单击“下一步”直到完成。

（6）在表对象界面，打开菜单“文件”下的“获取外部数据 | 导入”，在弹出的对话框中打开考生文件夹下的 tScore..xls 文件，根据向导单击“下一步”，在倒数第二步时，为新表定义主键，选择“我自己选择主键”，将 ID 选择为该表的主键，单击“下一步”，单击“完成”。

二、简单应用题

对于 Access，可以用多种方法完成一种操作，下面仅介绍一种方法。

打开考生文件夹 samp2.mdb，按下面步骤进行操作。

（1）步骤 1：选择“查询”对象，选择“在设计视图中创建查询”项，单击“设计”按钮，以打开设计视图。

步骤 2：在显示表中选择 tStud 表，添加到视图中。

步骤 3：在查询设计视图的设计网格中进行如下设计。

字段:	姓名	性别	入校时间	党员否
表:	tStud	tStud	tStud	tStud
排序:				
显示:	☑	☑	☑	☐
条件:				True
或:				

步骤 4：保存查询为 qT1。

（2）步骤 1：选择“查询”对象，选择“在设计视图中创建查询”项，单击“设计”按钮，以打开设计视图。

步骤 2：在显示表中选择 tStud 表、tScore 表和 tCourse 表，添加到视图中。

步骤 3：在查询设计视图的设计网格中进行如下设计：

字段:	姓名	课程名	成绩
表:	tStud	tCourse	tScore
排序:			
显示:	☑	☑	☑
条件:	[请输入学生姓名]		
或:			

步骤 4：保存查询为 qT2。

（3）步骤 1：选择“查询”对象，选择“在设计视图中创建查询”项，单击“设计”按钮，以打开设计视图。

步骤 2：在显示表中选择 tStud 表、tScore 表和 tCourse 表，添加到视图中，单击“查询”菜单下的“交叉表查询”。

步骤 3：在查询设计视图的设计网格中进行如下设计：

字段:	性别	课程名	表达式1: Round(Avg([成绩]),0)
表:	tStud	tCourse	
总计:	分组	分组	表达式
交叉表:	行标题	列标题	值
排序:			
条件:			
或:			

步骤 4：保存查询为 qT3。

（4）步骤 1：选择“查询”对象，选择“在设计视图中创建查询”项，单击“设计”按钮，以打开设计视图。

步骤 2：在显示表中选择 tStud 表、tScore 表和 tCourse 表，添加到视图中，单击“查询”菜单下的“生成表查询”。

步骤 3：在查询设计视图的设计网格中进行如下设计：

字段:	姓名	课程名	成绩
表:	tStud	tCourse	tScore
排序:			
显示:	☑	☑	☑
条件:			<60
或:			

步骤 4：运行该查询，保存查询为 qT4。

三、综合应用题

打开考生文件夹的 samp3.mdb，按下面步骤进行操作。

（1）在窗体对象中，选择 fStud 窗体，单击“设计”进入到窗体界面。在窗体的“窗体页眉”中添加一个直线控件，选择该直线控件，右击选“属性”，将其“左边距”设为 0.4cm，“上边距”设为 1.2cm，“宽度”设为 10.5cm，“名称”设置为 tLine。

（2）在窗体中，选择名称为 1Tabel 的标签控件，右击选“属性”，将“前景色”修改为 16711680，“字体名称”设置为“华文行楷”，“字号”设置为 22。

（3）选择“窗体”，右击选属性，将“边框样式”设置为“细边框”，“滚动条”属性设置为“两者均无”，将“记录选择器”、“导航按钮”和“分隔线”等属性都设置为“否”，将“最大最小化按钮”设为“无”，将“关闭按钮”设置为“是”。

（4）在窗体中，选择名称为 tSub 的文本控件，右击选“属性”，在“控件来源”属性中，输入“=IIf(Mid([学号]，5，2)="10","信息",v 管理")”。

（5）在窗体中，选择名称为 CmdQuit 的按钮控件，右击“事件生成器”在要求填写之处的代码如下：

```
'**********Add**********
        DoCmd.Close
'**********Add**********
```

上机考试模拟试卷 2 参考答案

一、基本操作题

打开考生文件夹中的 samp1.mdb，按下面步骤进行操作。

（1）在数据库窗口的“表”对象中，双击 tStud 表对象，单击“数据表”中的任意单元格，单击“格式”菜单中的“行高”命令，在弹出的“行高”对话框中输入 18，单击“确定”。单击“格式”菜单的“字体”命令，在弹出的“字体”对话框中设置字体大小为 14，关闭对话框。

（2）右击“数据表”标题区域，在弹出的快捷菜单中选择“设计表”命令，切换到表的设计视图，选择“简历”字段，在“说明”列输入“自上大学起的简历信息”。

（3）选中“入校时间”字段，在格式中输入"mm"月/"dd"日/"yyyy"，保存表。

（4）选择“视图”菜单中的“数据表视图”，进入数据表视图，定位到学号为 20011002 记录的“照片”字段，单击“插入”菜单中的“对象”命令，在打开的“插入对象”对话框中选择“由文件创建”选项，单击“浏览”按钮，选中图片 photo.bmp，单击“确定”。

（5）执行菜单“格式”中的“取消对所有列的冻结”命令。

（6）切换到“设计视图”，选择“备注”字段行，单击“编辑”菜单下的“删除”命令，保存所有操作。

二、简单应用题

打开考生文件夹中的 samp2.mdb，按下面步骤进行操作：

（1）步骤 1：选择“查询”对象，选择“在设计视图中创建查询”项，单击“设计”按钮。

步骤 2：在显示表中选择表 tCourse、tGrade 和 tStudent 添加到视图中。

步骤 3：在查询设计视图的设计网格中进行如下设计：

字段:	姓名	政治面貌	课程名	成绩
表:	tStudent	tStudent	tCourse	tGrade
排序:				
显示:	☑	☑	☑	☑

步骤 4：保存查询 qT1，关闭查询设计视图。

（2）步骤 1：选择“查询”对象，选择“在设计视图中创建查询”项，单击“设计”按钮。

步骤 2：在显示表中选择表 tCourse、tGrade 和 tStudent 添加到视图中。

步骤 3：在查询设计视图的设计网格中进行如下设计：

字段:	姓名	学分: 学分
表:	tStudent	tCourse
总计:	Group By	Sum
排序:		
显示:	☑	☑

步骤 4：保存查询 qT2，关闭查询设计视图。

（3）步骤 1：选择“查询”对象，选择“在设计视图中创建查询”项，单击“设计”按钮。

步骤 2：在显示表中选择表 tStudent，添加到视图中。

步骤 3：在查询设计视图的设计网格中进行如下设计：

字段:	姓名	年龄
表:	tStudent	tStudent
排序:		
显示:	☑	☐
准则:		<(select AVG(年龄) from tstudent)

步骤 4：保存查询 qT3，关闭查询设计视图。

（4）步骤 1：选择“查询”对象，选择“在设计视图中创建查询”项，单击“设计”按钮。

步骤 2：在显示表中选择表 tCourse、tGrade 和 tStudent 添加到视图中。

步骤 3：单击“查询”菜单项下的“追加查询”命令，在弹出的“追加”对话框选择表 tSinfo，在查询设计视图的设计网格中进行如下设计：

字段:	班级编号: Left([tSTUDENT]![学号],6)	姓名	课程名	成绩
表:		tStudent	tCourse	tGrade
排序:				
追加到:	班级编号	姓名	课程名	成绩

步骤 4：保存查询 qT4，执行查询，关闭查询设计视图。

三、综合应用题

打开考生文件夹中的 samp3.mdb，按下面步骤操作：

（1）步骤 1：选择“查询”对象，选择“在设计视图中创建查询”项，单击“设计”按钮。

步骤 2：在显示表中选择表 tTemp，添加到视图中。

步骤 3：单击“查询”菜单项下的“追加查询”命令，在弹出的“追加”对话框选择表 temp，在查询设计视图的设计网格中进行如下设计：

字段:	tTemp.*	年龄	职务	性别
表:	tTemp	tTemp	tTemp	tTemp
排序:				
追加到:	tEmp.*			
准则:		<30	"职员"	"女"

步骤 4：执行查询，并关闭查询设计视图。

（2）步骤 1：选择“窗体”对象，选择 fEmp 窗体，单击“设计”命令，打开“窗体”视图。

步骤 2：单击窗体选择器，选择窗体，右击窗体，选择“属性”快捷命令，打开属性窗口。

步骤 3：在标题属性中输入“信息输出”。

步骤 4：选择命令按钮 btnp，在属性窗口，将其“单击”属性设置为“事件过程”。并将“图片”属性值进行修改，选择考生文件夹下的图片 test.bmp。

步骤 5：保存窗体修改。

（3）步骤 1：选择“报表”对象，打开 rEmp 报表的设计视图。

步骤 2：选中 tName 控件，并打开属性窗口。

步骤 3：设置其控件来源属性为“姓名”。

步骤 4：右击窗体的标题栏，选择快捷命令的“排序与分组”命令，根据试题要求排序设置。

步骤 5：保存所有操作。

上机考试模拟试卷 3 参考答案

一、基本操作题

打开考生文件夹中的 samp1.mdb，按下面步骤进行操作。

（1）单击“文件”菜单下的“获取外部数据 | 导入”命令，打开“导入”对话框，选择文件类型为 Microsoft Excel，选择考生文件夹下的 tCourse.xls 文件。打开“导入数据表向导”，根据向导逐步完成试题操作。

（2）选择“表”对象，选择表 tGrade，单击“设计”按钮，选择“学号”字段，将“必填字段”设置为“是”，选择“成绩”字段，在“有效性规则”中输入“>=0”，在“有效性文本”中输入“成绩应为非负数，请重新输入。”。

（3）打开表 tGrade，显示隐藏列“成绩”，将低于 60 分的记录（行）全部删除。

（4）打开表 tGrade，执行菜单“格式 | 数据表”命令，按照题目要求设置表的显示格式，执行菜单“格式 | 字体”命令，选择字体为“宋体”，选择字号为 11，单击“确定”。

（5）执行菜单“工具 | 关系”命令，右击，执行“显示表”命令，添加表 tStudent、tGrade 和 tCourse；单击菜单“关系 | 编辑关系”，单击“新建”按钮，在“新建”对话框中设置，如下左图所示；再单击“新建”按钮，在“新建”对话框中设置，如下右图所示：

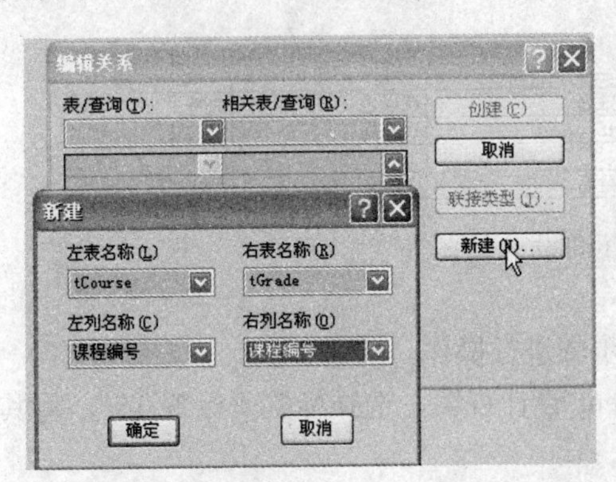

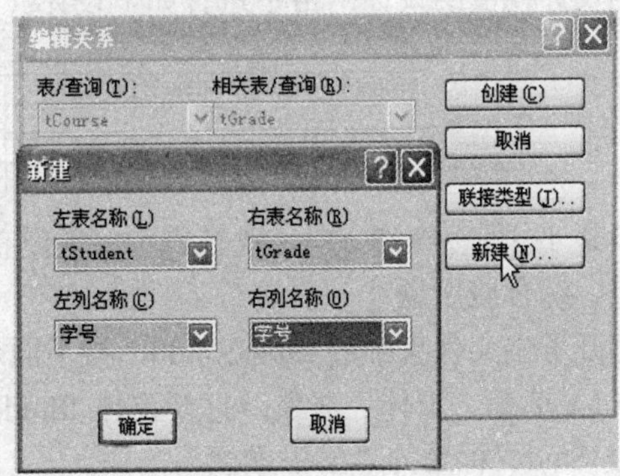

选中“实施参照完整性”复选框，保存修改。

二、简单应用题

打开考生文件夹中的 samp2.mdb，按下面步骤进行操作：

（1）步骤 1：选择“查询”对象，选择“在设计视图中创建查询”项，单击“设计”按钮。

步骤 2：在显示表中选择表 tCourse、tGrade 和 tStudent 添加到视图中。

步骤 3：在查询设计视图的设计网格中进行如下设计：

字段:	姓名	政治面貌	课程名	成绩
表:	tStudent	tStudent	tCourse	tGrade
排序:				
显示:	☑	☑	☑	☑

步骤 4：保存查询 qT1，关闭查询设计视图。

（2）步骤 1：选择“查询”对象，选择“在设计视图中创建查询”项，单击“设计”按钮。

步骤 2：在显示表中选择表 tCourse、tGrade 和 tStudent 添加到视图中。

步骤 3：在查询设计视图的设计网格中进行如下设计：

字段:	姓名	学分: 学分
表:	tStudent	tCourse
总计:	Group By	Sum
排序:		
显示:	☑	☑

步骤 4：保存查询 qT2，关闭查询设计视图。

（3）步骤 1：选择“查询”对象，选择“在设计视图中创建查询”项，单击“设计”按钮。

步骤 2：在显示表中选择表 tStudent，添加到视图中。

步骤 3：在查询设计视图的设计网格中进行如下设计：

字段:	姓名	年龄
表:	tStudent	tStudent
排序:		
显示:	☑	☐
准则:		<(select AVG(年龄) from tstudent)

步骤 4：保存查询 qT3，关闭查询设计视图。

（4）步骤 1：选择“查询”对象，选择“在设计视图中创建查询”项，单击“设计”按钮。

步骤 2：在显示表中选择表 tCourse、tGrade 和 tStudent 添加到视图中。

步骤 3：单击“查询”菜单项下的“追加查询”命令，在弹出的“追加”对话框选择表 tSinfo，在查询设计视图的设计网格中进行如下设计：

字段:	班级编号: Left([tSTUDENT]![学号],6)	姓名	课程名	成绩
表:		tStudent	tCourse	tGrade
排序:				
追加到:	班级编号	姓名	课程名	成绩

步骤 4：保存查询 qT4，执行查询，关闭查询设计视图。

三、综合应用题

打开考生文件夹中的 samp3.mdb，按下面步骤进行操作。

（1）选择“窗体”对象，打开窗体 fStudent 设计视图，选择标签“标签 15”，将其名称修改为 tStud、标题为“学生成绩”。

（2）选择窗体中的“子对象”，右击选“属性丨数据”，修改其“源对象”为 fGrade。

（3）选择“窗体”，将“标题”属性设置为“学生信息显示”。

（4）选择“窗体”，将“边框样式”属性修改为“对话框边框”，“滚动条”设置为“两者均无”。

（5）选择“退出”按钮，右击，选择“事件生成器”命令，添加代码如下：

```
DoCmd.Close
```

保存修改。